护肤图鉴

揭开50种不靠谱网红护肤法的真相

[日]·一之介·著

谢丽敏·译

青岛出版社
QINGDAO PUBLISHING HOUSE

图书在版编目（CIP）数据

护肤图鉴 /（日）一之介著；谢丽敏译. 一 青岛：青岛出版社, 2020.7

ISBN 978-7-5552-9102-2

Ⅰ. ①护… Ⅱ. ①一… ②谢… Ⅲ. ①皮肤－护理－基本知识 Ⅳ. ①TS974.11

中国版本图书馆CIP数据核字(2020)第071892号

山东省版权局版权登记号 图字：15-2019-322

书　　名	护肤图鉴 HUFU TUJIAN
著　　者	[日]一之介
译　　者	谢丽敏
出版发行	青岛出版社
社　　址	青岛市海尔路182号（266061）
本社网址	http://www.qdpub.com
邮购电话	13335059110　0532-68068026
策划编辑	周鸿媛　王　宁
责任编辑	曲　静
装帧设计	尚世视觉　丁文娟
印　　刷	青岛双星华信印刷有限公司
出版日期	2020年7月第1版　2020年7月第1次印刷
开　　本	32开（890毫米×1240毫米）
印　　张	7
字　　数	200千
印　　数	1-8000
书　　号	ISBN 978-7-5552-9102-2
定　　价	58.00元

建议陈列类别：时尚美妆

编校印装质量、盗版监督服务电话：4006532017　0532-68068638

序言

非常感谢大家翻开这本书。首先自我介绍一下，我是本书的作者一之介。我从事的是从化学角度分析美容、化妆用品这样一个有点特别的博客的维护工作。

浏览我博客的主要是女性，尤其以30~40岁的女性为主。其实，我认为女性开始对美容和化妆品产生兴趣大多是在25岁前后，那么这中间的年龄差产生的原因是什么呢？

恐怕社会上的很多成年女性都是经历了“不管三七二十一，先把高人气美容法、化妆品都试个遍”的阶段，而后才来光顾我的博客的吧？“这几年，遵照电视、杂志和社交网络等提供的信息，试了各式各样的方法，但至今还没找着门道……”有这样经历的人为寻求化妆品和美容方面的真正有效的信息而在网上徘徊，最终逛到了我的博客。浏览过我博客的人大多数会表示“早点儿知道就好了”，同时为自己在护肤和美容方面走过的弯路而叹惜。

可以说，目前几乎有一半已常识化了的美容信息，其实是没有科学依据的错误信息，比如“皮肤越保湿越好”“敏感肌用有机护肤品好”，等等。近来，自称敏感肌的人数量日渐庞大，我认为这正是因为很多人完全不懂护肤，又相信了错误信息，每天孜孜不倦地做着损伤皮肤的事。

很多人都不知道，只要掌握正确的知识并正确护肤，就能在花费更少的时间和金钱的同时，更容易地变美。反之，因为不知道这些，在美容上耗费了大量的时间、金钱和精力，非但没能变美，还经常要为痘痘、毛孔、色斑、干燥等皮肤状态紊乱的问题而烦恼，简直太可惜了。我认为这种现象是不正常的。

本书反复出现“那样不行！”“这样也不好！”的说法，而关于“这样做比较好”的内容却很少，读者可能会感觉“怎么哪样都不行啊”。写这样一本书，难免会收到类似于“全是‘不行不行’，也不知道怎么做比较好！”这样的评价，但我认为，产生这样的想法本身就是受到行业战略毒害的证据。引导你产生“不经常做些什么肌肤就会老化……”的想法，然后去购买并不需要的化妆品，这样的商家并不少见。

其实，现在的成年女性做的“无用功”已经够多了，所以，做好“停止一切无效美容”这件事，就可以让很多人明显变得更美丽。

不是要特别做些什么，而是要先“停下来”。把那些不该做的都筛掉之后，留下的护肤方法就真的很简单了。你可能会担心：啊，真的这样就可以了吗？其实，皮肤本来就可以靠自身的机能实现充分的保湿并保持美丽，护肤品从外部能达成的功效并没有大家想的那么多呢。

我这个序言写得有些长了，关于该怎样做、怎样选择、怎样避免“踩雷”的具体方法将在正文中详细讲述。

“学护肤需要化学知识吗？”

当然需要，不过没有也没关系。如能使大家从本书中学到简单、易懂、生动有趣的美容知识，不受错误信息迷惑，成为真正美丽的成年女性的话，将是我最大的荣幸。

目录

第一章 打造美肌不可不知的护肤知识

CONTENTS

第二章 成年女性的进阶护肤法

第三章 成年女性的头发及全身皮肤护理

CONTENTS

第四章 护肤中那些令人纠结的选择

第一章

打造美肌 不可不知的 护肤知识

让我们先来学些护肤的基础知识吧！
不知道自己每天都往皮肤上涂抹的东西的具体成分和功效？
你属于这种情况吗？

不靠谱护肤法女子图鉴

01

『无添加』不一定对皮肤温和！

特 征

- 选购化妆品的标准就是看产品是不是“无添加”的
- 目标是拥有环保、极简的生活
- 午餐是自己做的便当

数 据

超喜欢无添加

皮肤美白度★★☆

皮肤滋润度★★☆

化妆品不含化学物质★★★

对无添加的过分迷信，是化妆品商家看准的要害！聪明的消费者更看重本质

敢叫无添加它就赢了！不代表它对肌肤更温和

在近来的“脱化（脱离化学物质）”热潮中，以“无添加”为标准选择化妆品的女性貌似越来越多。然而，无添加化妆品中也有很多对肌肤并不温和的商品。

之所以会出现这种情况，是因为并没有明确的规定来规范无添加化妆品的命名条件。不管是香料还是染色剂，只要完全不含某些成分（实际上主要是老的指定标示成分[1]），就可以称为“无添加”。也就是说，绝大多数的化妆品可以叫无添加化妆品。

“天然成分”里面所含的也是化学物质，“合成成分”的原料也是天然成分

看到标有“100% 无添加”等字样的化妆品，就觉得它是“零化学物质的，对肌肤很温和”，这完全是误解。这个世界上根本不存在不含化学物质的东西。比如：水是记作“H_2O”的化学物质；植物油之类的天然成分，其实质也是多种化学物质的复合物。

换句话说，人类无法凭空创造出任何一种“合成物质”。合成的表面活性剂和防腐剂，其原料也是天然成分呢。所以，不能以天然还是合成这样的标准来评价化妆品。

1. 老的指定标示成分：自 1980 年开始，有 103 种成分由于存在引起皮肤过敏的可能性，是必须按规定在化妆品包装上进行标注的。现在规定发生了变化，所有的成分都必须标示。

无添加化妆品与合成物质的真相

所有的合成物质都是以天然成分为基础的

化学合成物质并不是人类凭空创造的，包括表面活性剂、防腐剂、香料、染色剂、紫外线吸收剂等在内的各种化妆品成分，原料绝大多数是天然成分。就连因有刺激性而臭名昭著的表面活性剂十二烷基硫酸钠（月桂醇硫酸酯钠），原料也是以椰子油为基础成分的脂肪酸。硅油是以矿物质为原料的。

有没有要避开的添加剂呢?

无香料、无色素、无防腐剂……该怎么选择其实关键要看肤质和喜好。但是，香料可能导致过敏，矿物油可能导致皮肤干燥，产品中这些成分含量高的话就要当心了。敏感性肌肤有对染色剂、酒精过敏的风险，因此这两类成分含量高的化妆品也请避开。

“天然”“合成”“源自天然”的区别

事先了解各种化妆品成分叫法的区别所在，对于选择商品大有帮助。

天然成分

天然采取后不经过人为加工的成分。并不是天然的就一定是温和的。

源自天然成分

以天然物质为原料制造而成的成分。也就是说，只要原料是天然的，就算是表面活性剂也可以称作“源自天然”。但是，这世上所有的成分，即使是合成化合物，也无一例外是以天然物质为原料制造而成的。石油也是了不起的天然原料呢。

合成成分

以天然采取的物质为原料，利用微生物发酵或者与其他化学成分反应等方法制造而成的成分。

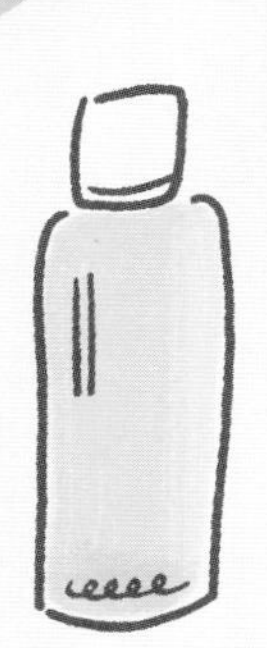

不要被“100% 源自天然”这样的广告语诱惑！

天然成分与化学成分是表里一体的。

一之介语录

要注意利用化妆品标准的“无防腐剂”化妆品

所谓“无防腐剂”，只要使用隐藏大招就可实现

“无防腐剂”产品深受消费者青睐，所以，喜欢这样标榜自己产品的商家不在少数。办法很简单。在日本，化妆品中所称的“防腐剂”仅仅是指《化妆品标准》中规定的特定成分。但是，除此之外具有防腐功能的成分还有很多，只要使用规定以外的防腐剂，就可以吹嘘是“无防腐剂”产品。

能让人放心的还是含普通防腐剂的产品

不含防腐剂，却没有标明使用期限的化妆品，往往使用了《化妆品标准》以外的成分进行防腐处理，其中可能含有精油、杀菌剂等刺激性较强的成分。也有的产品中添加了乙醇等相对安全的成分，但为了达到防腐的效果必须大量、高浓度使用，这样一来反而比使用普通防腐剂的产品刺激性更强。

《化妆品标准》中规定的防腐剂

下面的表格中列出了日本的《化妆品标准》中规定的防腐剂成分，根据成分刺激性强度的不同，最大使用浓度也有不同的规定。

尼泊金酯类、苯氧乙醇等成分刺激性弱，所以允许添加的最大浓度相对较高。对上限浓度管控较严格的成分，可以说是刺激性很强的防腐剂了。此外，即使产品上标明“不含尼泊金酯类”，也有可能含有其他刺激性更强的防腐剂。

成分名	最大浓度（%）
苯甲酸	0.2
水杨酸	0.2
三氯生（二氯苯氧氯酚）	0.1
尼泊金酯类	1
苯氧乙醇	1
异丙基甲酚	0.1
苯扎氯铵	0.05
三氯卡班	0.3
扁柏酚	0.1
吡啶硫酸锌	0.01
吡罗克酮乙醇胺盐	0.05
碘丙炔醇丁基氨甲酸酯	0.02
甲基异噻唑啉酮	0.01

说明：以上浓度主要适用于皮肤护理。

“无防腐剂”是个文字游戏！普通防腐剂是没问题的。

一之介语录

美白化妆品并不会使皮肤变白

过去不知道自己是 GAL[1]，
我要变成超级美白肌……

以前是GAL
GAL这段黑历史太可怕了
绰号『吊梢眉』
一瓶一万日元以上
美白
WHITE 美白
BIHAKU

拼命美白型女子

特 征

- 当前最热衷的事就是美白
- 努力忘记学生时代皮肤黑这回事
- 帽子、墨镜、手袋是必备品

数 据

无论如何都要美白！

皮肤美白度★★☆
皮肤滋润度★☆☆
商品信奉度★★★

1.GAL 是 GANGURO GAL 的略称，指多在涉谷等地街头出现的皮肤黝黑、头发染成彩色、打扮十分另类的年轻女孩子。——译者

美白≠皮肤变白！
“先试试再说”的想法会让你吃亏

用美白化妆品只能起到预防的作用，基本上不会使皮肤变白！

你有过使用美白化妆品后明显感到皮肤变白了的体验吗？恐怕绝大部分人没有吧。这是理所当然的事。本来所谓的“美白”就不是使皮肤变白的意思。

美白原本是指，对紫外线照射引起皮肤色调改变的一种预防。美白化妆品不是让皮肤变白、斑点消失的神器，最多就是有些预防色斑和暗沉、加速晒后修复的功效。

强效美白成分会导致皮肤功能紊乱，反而可能会使皮肤变黑！

强效的美白成分刺激性也强，潜藏着使皮肤变得不稳定等风险。而且受到刺激以后，皮肤会产生自我保护物质——黑色素，含有黑色素的角质也会留在皮肤的表层。也就是说，使用了强效美白化妆品后，因为受到刺激，含有黑色素的角质会增厚，反而增加了色斑和黑头形成的可能。敏感肌人群尤其要当心，因为敏感肌更容易受到刺激，皮肤黑色素的反应也更敏感。如果要使用的话，就选择能温和预防色斑、成分可靠的产品吧。

美白化妆品的效果与刺激性是成正比的。

一之介语录

导致皮肤变黑的原因 不只是紫外线！

皮肤变黑是因为受到刺激

受到紫外线等的刺激后，皮肤会生成叫作黑色素的东西。黑色素在氧化之后会变黑，导致色斑、黑头形成。

不仅是紫外线，强效的化妆品和手的摩擦也会对皮肤造成刺激。皮肤受到刺激以后就会生成黑色素，就有可能变黑，因此需要格外注意。

娇嫩的皮肤离不开黑色素

色斑的元凶、女性讨厌的黑色素，事实上是为保护皮肤免受紫外线伤害而生的。它能保护皮肤，使其免受老化最大的诱因——紫外线的伤害，可以说是天然的抗老化物质。白人的皮肤细胞产生的黑色素很少，所以他们的皮肤一般比黑人和黄种人的更容易老化。

皮肤变黑的原理

受到紫外线照射后，皮肤基底层的黑色素细胞会制造黑色素，并传递给附近的角质形成细胞。角质形成细胞会携带着黑色素上升到皮肤表面的角质层，堆积到一定量时色斑就会产生。含有黑色素的角质形成细胞只要代谢正常，就会逐渐变成角质细胞，然后脱落。但是黑色素存在于整个表皮层中，所以用去角质的方法使表面的角质部分脱落不能使皮肤明显变白。

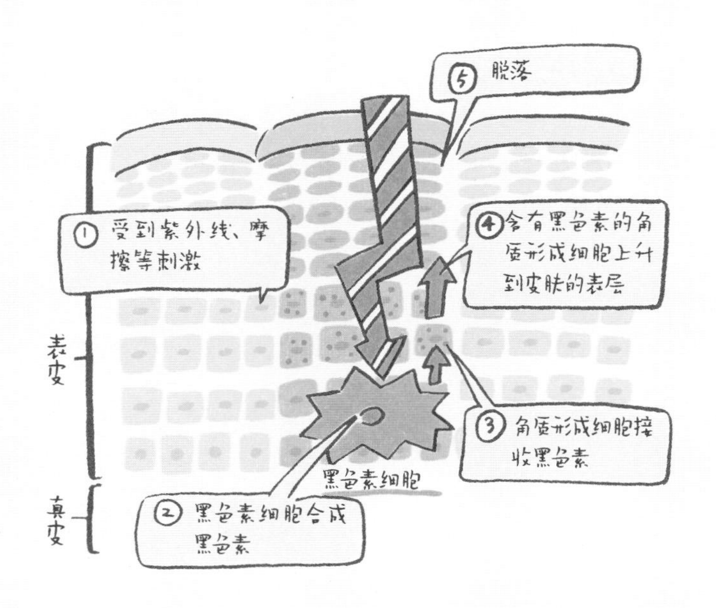

预防紫外线和减少皮肤刺激是最好的美白！

一之介语录

美白效果的真相 与新陈代谢

皮肤的黑斑会随着新陈代谢而修复

人类的皮肤周而复始地进行着新陈代谢，一定周期后会重获新生。所以，只要是健康的皮肤，晒黑、斑点等问题即使放任不管也会自行修复。

有人使用了美白化妆品后感觉“皮肤变白了”，但这究竟是化妆品的功劳还是新陈代谢的结果，是非常难以分辨的。

为什么会感觉“涂上皮肤瞬间就变白了”？

这种化妆品的效果是暂时的。伎俩一般有两种：

①添加收敛成分。皮肤是由蛋白质组成的，涂上具有蛋白质收敛作用的成分，短时间内毛细血管会收缩，使皮肤看起来白一些。

②使用白色粉末，比如防晒产品中也含有的二氧化钛等。也就是说，这跟皮肤涂了防晒产品后泛白的原理相同。

何谓皮肤的新陈代谢

皮肤深层的基底层生成的表皮细胞在往表层上升的过程中，形态也在不断发生变化，到达皮肤表面时，会变成没有生命的细胞，也就是角质细胞。角质细胞最终会在新细胞的推挤下从表皮脱落。细胞从生成到衰亡的整个周期就叫作新陈代谢。

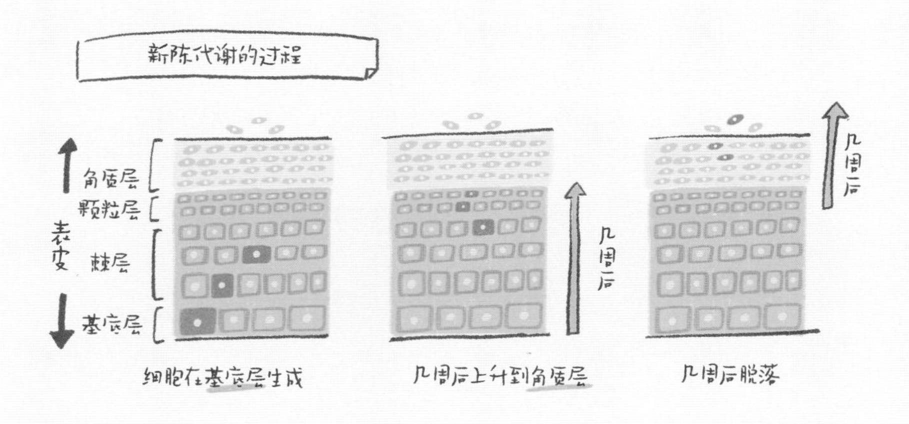

新陈代谢的周期因人而异。大家经常说 28 天为一个代谢周期，但这只是一般理论。也有一些不一样的观点，有的观点认为随着年龄增长，代谢周期会变长，也有人说新陈代谢的速度是不会变慢的。

小孩子晒黑后什么都不涂，却恢复得很快。

一之介语录

了解这些就万无一失!
美白成分的三种类型

美白成分的分类

① 抑制黑色素生成型：这类成分可以抑制促进黑色素生成的酪氨酸酶的活性，从而防止黑色素形成。

② 还原黑色素型：这类成分可以持续阻止黑色素中间体的氧化和发黑，促进色素还原。

③ 其他：使用特殊的物质预防黑色素的堆积，同时辅助角质进行新陈代谢。

要慎用阻碍黑色素生成的成分

除紫外线之外，皮肤受到其他刺激也会促使黑色素形成，所以，强刺激性的美白成分也有使皮肤变黑的可能。维生素C对敏感肌有一定刺激作用，使用时需要谨慎。维生素C衍生物的刺激性相对较弱。

最好的美白，就是避开以紫外线为首的一切刺激。

美白成分的三种类型

美白成分主要有三种类型，具体见下表。让我们来看看自己使用的化妆品中都含有哪些成分吧。

主要作用机理	成分名	效果	副作用程度	备注
抑制黑色素生成（抑制酪氨酸酶的活性）	熊果苷	弱	弱	能抑制促进黑色素生成的酪氨酸酶的活性，可干扰色斑的生成，具有预防作用，但对已经形成的斑点没有消除作用。这些成分短期内作用可能不明显，长期使用可能会有效果。但是，同一系统的成分也有导致皮肤产生白斑、受损的情况发生
	4-丁基间苯二酚	中	中	
	曲酸	弱	弱	
	鞣花酸	弱	弱	
	（杜鹃醇）	弱	强	佳丽宝 (Kanebo) 专利成分，会引发白斑，在2013年已停用
	（对苯二酚）	弱	强	未做登记，但效果强烈。美容皮肤科使用该成分作为皮肤漂白剂。刺激性和引发白斑的风险高
减少黑色素	抗坏血酸	弱	强	抗坏血酸（维生素C）具有强烈的还原作用，因此可以用它来还原黑色素中间体，抑制黑色素的氧化。从理论上讲，如果浓度高的话可以将已生成的斑点变浅，但由于维生素C本身有很强的刺激性，因此一般是和其他成分合成衍生物后使用的
	3-o-乙基抗坏血酸	中到强	中到强	
	抗坏血酸磷酸酯钠	中	中	
	抗坏血酸磷酸酯镁	中	中	
	抗坏血酸葡糖苷	弱	弱	这是配方中最多见的维生素C衍生物，但实际效果却受到质疑，而且偶尔也有会引发白斑的报道
其他	水解胎盘提取物	弱	弱	有望促进角质代谢，但说法不一
	凝血酸（氨甲环酸）	弱	弱	对黄褐斑有特效，也用于抗炎
	单磷酸腺苷二钠	弱	弱	通过促进角质代谢淡化斑点
	亚油酸脂质体	弱	弱	促进角质新陈代谢，促进酪氨酸酶降解
	烟酰胺	弱	弱	抑制黑色素转移
	洋甘菊提取物	弱	弱	抑制内皮素信号传导

03

合成表面活性剂真的是恶魔吗？

特征

- 认定表面活性剂是恶魔
- 喜欢喝咖啡，一天喝三杯
- 主要从网络搜集信息

数据

有强烈的思维定式

皮肤美白度★☆☆

皮肤滋润度★★☆

疑神疑鬼度★★★

表面活性剂是一种好处多多、生活中随处可见的东西，
通通看作恶魔的做法并不妥！

能把水和油混起来的物质都叫表面活性剂，食品中也有

所谓表面活性剂，简单来说就是可以让水和油混合到一起的物质。如果一个分子既有容易跟水融合的性质（亲水基），又有容易跟油融合的性质（亲油基），就可称之为表面活性剂。鸡蛋的蛋黄也是一种表面活性剂。

水油混合在一起的东西，大多含有表面活性剂。化妆水、乳液就不用说了，咖啡、牛奶等加工食品中也都含有表面活性剂。

表面活性剂有四种，有些种类刺激性为零

马铃薯的芽里所含的茄碱是一种对神经有毒性的表面活性剂。像这样的天然表面活性剂还有很多，但绝大多数是有毒性或有杂质的，能应用于实际的也就是鸡蛋和大豆中的卵磷脂而已。因此，大部分的化妆品会使用合成的表面活性剂。

表面活性剂的种类繁多，按照性质可分为四大类。不同种类的表面活性剂特征也完全不同，有的刺激性很强，也有的刺激性几乎为零。

没有表面活性剂就没法维持现代文明。

一之介语录

化妆品
由三个要素组成

化妆品的基础构成基本是一样的

化妆品是由表面活性剂将水分和油分混合而成的东西，在生产过程中一般还会加入防腐剂、稳定剂等添加剂。化妆水、乳液等基础护肤品就不用说了，洗面奶、卸妆产品、沐浴皂以及洗发水、护发素等也是一样的构成。

将化妆水再加工，能使其变身为洗发水！

决定化妆品形态（水、乳液、面霜等）的是水分、油分和表面活性剂的比例，而不是成分的不同。

化妆水中九成以上是水分，在这个基础上增加表面活性剂就变成洗发水，再增加油分的话就成了洗面奶。而面霜是由高比例的水分和油分混合，再加入表面活性剂进行乳化后加工而成的。

化妆品的基本成分

液态的化妆品是由水溶性成分、油性成分和表面活性剂组成的。水溶性成分以及油性成分主要指以下物质：

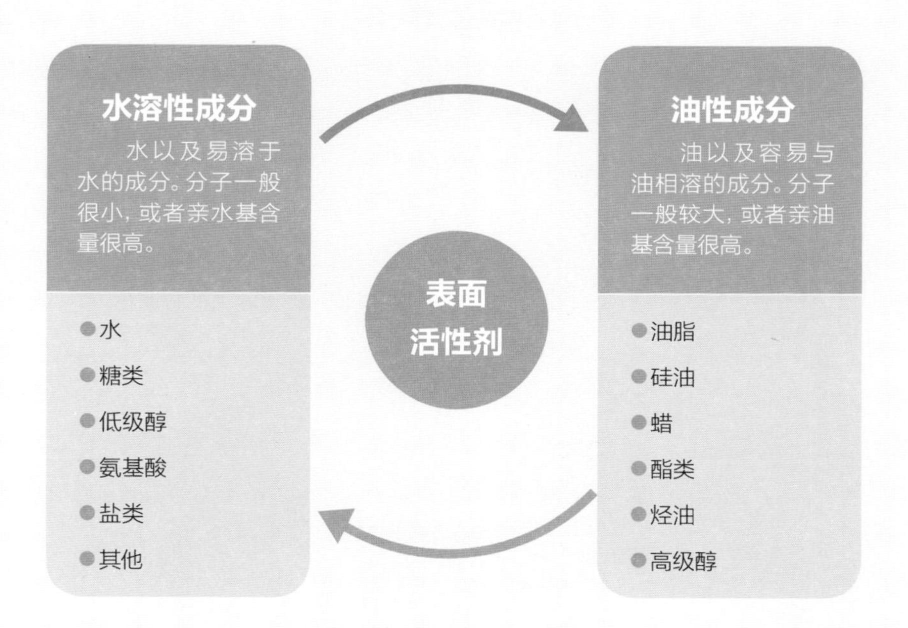

乳液也是具有流动性的东西，成分与化妆水大同小异。

一之介语录

化妆品的构成比例

化妆品的形态与表面活性剂的浓度、水和油的比例有关，与成分无关。

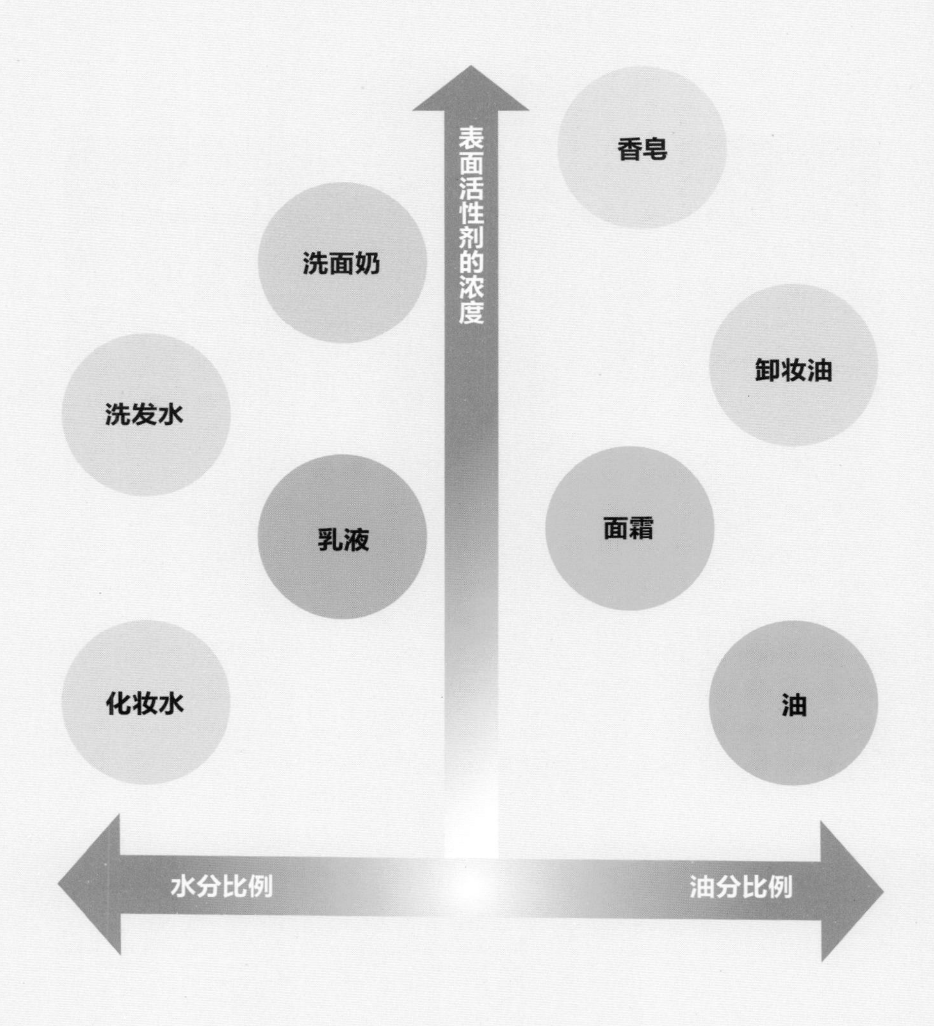

常见化妆品的构成

各种化妆品由水分、油分及表面活性剂按下表中的比例构成，比例发生改变的话会转变成其他类型的产品。

产品	水分	油性成分	水溶性成分	表面活性剂	其他成分
化妆水 主要是水分	90%	——	5%~10%	0~2%	1% 左右
乳液 水中加入少量的油分	80%~90%	1%~5%	5%~10%	0~5%	1% 左右
面霜 水中加入大量的油分	30%~50%	10%~30%	5%~10%	1%~10%	1% 左右
卸妆油 主要是油分和表面活性剂	——	80% 以上	——	15%~20%	1% 左右
洗发水 主要是水和表面活性剂	70%~80%	1% 左右	1%~5%	10%~20%	1% 左右
护发素 主要是水和油分	70%~80%	10%~20%	5%~10%	1%~5%	1% 左右

表面活性剂类型不同，毒性也大不相同

表面活性剂的刺激主要来自静电

部分表面活性剂具有刺激性的原因主要是会产生静电。静电会使人有“哔哩”一下的痛感，从而对人体产生刺激。静电在日常生活中随处都可能发生。即使是不易察觉的微弱静电，积少成多的话也会使皮肤出现炎症或瘙痒等问题。

不带静电的表面活性剂基本上没有刺激性

表面活性剂总共可分为四大类，其中有刺激性的是会产生负静电的阴离子型和会产生正静电的阳离子型。

阴离子型表面活性剂用于洗面奶、洗发水等清洁产品中。为了中和其产生的静电，一般会搭配柔软剂、护发素等含有阳离子型表面活性剂的产品。

表面活性剂的四个种类

表面活性剂分为阴离子型、阳离子型、两性离子型和非离子型四大类，刺激性也完全不同。

对皮肤的刺激性

阳离子型>阴离子型>两性离子型>非离子型

[有刺激性的表面活性剂]

○阳离子型　**强毒性，强刺激性**

阳离子型以种类少、刺激性强的季铵盐为主流。不过，现在刺激性弱的叔胺盐使用得也比较多。

* 主要作为柔顺剂使用，是护发素及其他护发产品的主要成分。可使接触对象携带正电荷静电，还具有杀菌消毒作用。

○阴离子型　**低毒性，弱刺激性**

香皂、月桂醇硫酸酯钠等比较有名，最近，产静电能力减弱的氨基酸型表面活性剂和酸性香皂（碳酸类）也已诞生。

* 主要作为清洗剂使用，是洗发水的主要成分。可使接触对象携带负电荷静电。呈碱性，可增强清洁力。

[基本无刺激性的表面活性剂]

○两性离子型　**几乎无毒性，无刺激性**

婴儿洗发水和食品中都可以使用，非常安全。因有酸性，可用于柔软剂；因有碱性，可用于清洁剂。

○非离子型　**几乎无毒性，无刺激性**

作为清洗辅助剂和食品添加剂使用。虽然安全性非常高，但全部是合成成分。亲油性极强，脱脂能力也很强。涂抹于皮肤上的化妆品主要使用无刺激性的非离子型表面活性剂，所以基本上可以放心使用。

世上有坏人也有好人，表面活性剂也一样有好有坏。

一之介语录

04

有机化妆品其实更「毒」

特 征

- 食品和护肤品都喜欢有机的
- 拥有 5 件以上天然材质的白色 T 恤
- 对环境问题很关心

数 据

视“有机”如命

皮肤美白度★☆☆

皮肤滋润度★★☆

有机蔬菜喜爱度★★★

接触植物的毒会让你吃苦头！
敏感肌最好停止使用有机化妆品

日本没有规定有机化妆品的明确定义

本来，"有机"是指不使用农药、化肥，采取有机种植法进行栽培的蔬菜。在欧洲国家，有机化妆品只等于"采用了有机栽培的植物提取成分的化妆品"，其认证机构也有很多。但在日本，有机化妆品既没有认证机构也没有明确定义。虽然给人的感觉是"植物提取成分含量很高的化妆品"，但事实上，只少量含有一种植物精华就吹嘘为有机化妆品的商品也很多。

植物的芳香成分中含有刺激性和过敏性物质

植物为什么会释放香味呢？其主要目的是防御害虫等天敌靠近。植物的芳香成分中含有多种化学物质，其中，有刺激性及导致过敏风险的成分也很多。

有机化妆品配方中的植物精华或精油就是芳香物质。植物精华中的芳香物质浓度很低，因此刺激性和效果基本上不明显。但是精油是将芳香物质浓缩了的东西，其风险就很大。

讨厌花粉，却喜欢有机护肤品，这是个不解之谜。

一之介语录

与“天然”相比，更纯的是合成香料

植物的芳香成分是化学物质的大杂烩

分析一下植物的芳香成分会发现，其主要是乙醛、酚类、酒精等数十种化学物质的复合物。这其中就有刺激性或有致敏风险的物质存在。但是，作为精油出现时只需用“某某油”来表述即可，消费者根本不清楚详细的成分和风险。

合成香料的原料也是天然成分

正如前面所说，植物的芳香成分是由多种物质组成的。只提取其中的某一种特定成分或合成相同成分制作成的便是合成香料。因此，虽说是合成，但也不是人类从零开始制造出来的，其原料多半与天然香料一样来源于植物。

天然香料与合成香料

了解天然香料与合成香料的区别，就能更好地理解精油中所含成分的复杂性。

天然香料

天然香料（精油、植物精华等）中含有从植物中提取的芳香成分。这些芳香成分多是几十种甚至几百种化学物质的混合物，所以导致过敏的风险相当高。

合成香料

合成香料是指从植物所含的芳香成分中提取的特定化学物质（单离香料）或利用化学工艺合成的同种成分。因为是单一的物质，所以导致过敏的风险要比天然香料小。

薰衣草精油的主要化学成分

成分名	最低浓度（%）	最高浓度（%）
乙酸芳樟酯	25	45
芳樟醇	25	38
顺 -β- 罗勒烯	4	10
反 -β- 罗勒烯	2	6
松油烯 -4- 醇	2	6
乙酸薰衣草酯	2	-
薰衣草醇	0.3	-
3- 辛酮	-	2
1,8- 桉叶油素	-	1.5
α- 松油醇	-	1
柠檬烯	-	0.5
樟脑	-	0.5

有的合成香料是通过化学反应制造出来的，但一般是利用单离的化学工艺从天然香料中提取出来的。所以与天然香料相比，合成香料实质上要单纯得多。

要远离添加了多种天然植物成分的化妆品！

一之介语录

植物精华与精油的差异是什么

植物精华与精油从成分上看就是两种不同的东西

有机化妆品配方中的主要植物成分是植物精华和精油（精华油）。

植物精华是指从植物中提取的芳香成分和其他诸多成分，用溶剂稀释后得到的产物。而精油是仅仅提取了植物的芳香成分的产物。

精华 = 存在感稀薄　精油 = 威力大爆发！

不论是植物精华还是精油，都原封不动使用了植物成分，所以其本身特有的刺激性物质很可能仍有残留。

不过，植物精华由于芳香物质浓度较低，风险和作用相对都小。而精油的芳香物质浓度为 100%，疗效很好，同时刺激性和导致过敏的风险可以说也很大。

植物精华与精油的差异

从植物中提取的成分可分为植物精华和精油两种。

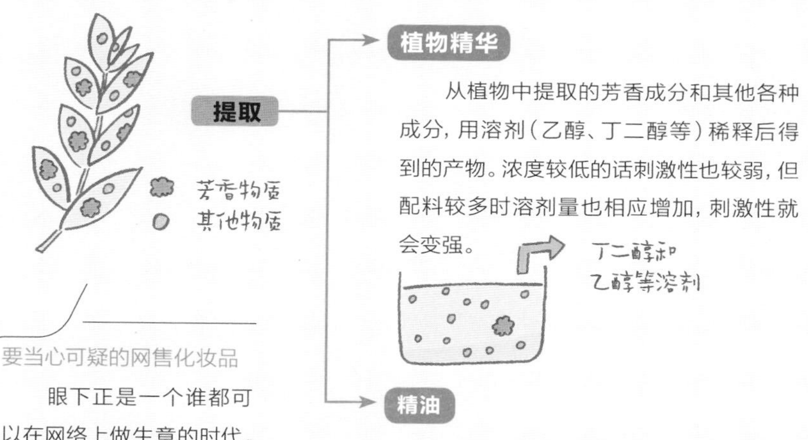

植物精华

从植物中提取的芳香成分和其他各种成分，用溶剂（乙醇、丁二醇等）稀释后得到的产物。浓度较低的话刺激性也较弱，但配料较多时溶剂量也相应增加，刺激性就会变强。

精油

从植物中提取的芳香成分。因为芳香物质的浓度是100%，所以对皮肤的作用很大，香氛的疗效显著，而相应地，刺激性和导致过敏的风险也较大。

仅含芳香物质

要当心可疑的网售化妆品

眼下正是一个谁都可以在网络上做生意的时代。很多无知的新兴商家把混有多种精油或植物精华的化妆品称作“有机化妆品”“无添加化妆品”，这些商品主要通过网络销售。而优秀的化妆品商家能很好地了解植物原料的风险，适量地使用经过严格筛选的材料。因此，从网上购买化妆品时需要十分小心。

> 植物精华只是一种概念性成分，几乎没什么意义。

一之介语录

不靠谱护肤法女子图鉴 05

绝大多数皮肤问题可以怀疑是否由『过度清洁』导致

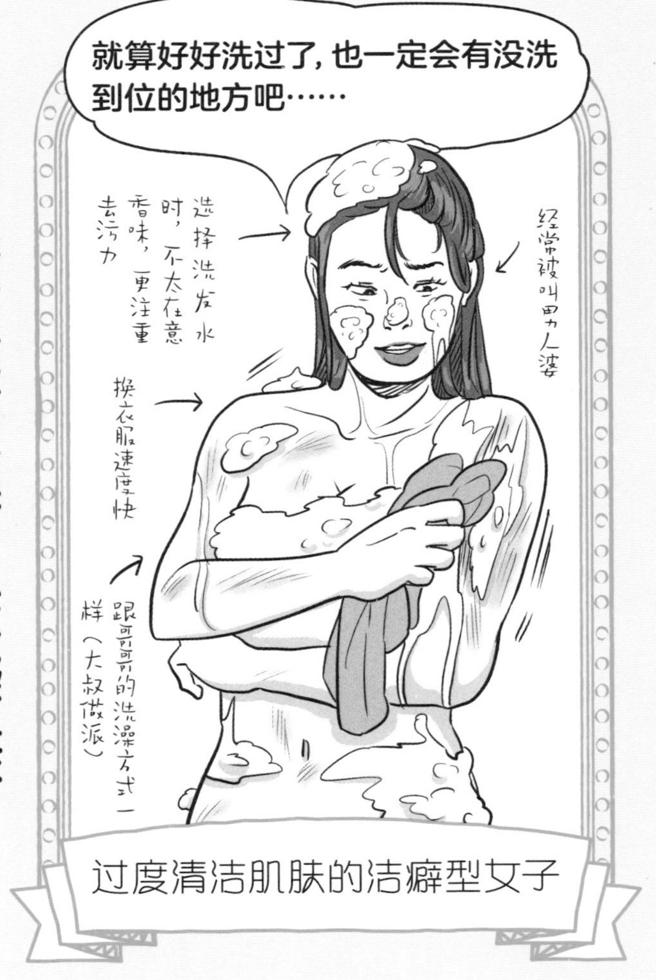

过度清洁肌肤的洁癖型女子

特征

- 早晚都奉行彻底洁面主义
- 决不允许有清洁死角
- 朋友喝过的东西坚决不喝

数据

最重视的就是洗脸

皮肤美白度★☆☆

皮肤滋润度☆☆☆

皮肤出油程度★★★

美肌的秘诀在于皮肤能自主分泌滋润成分，过度清洁就等于将宝贝扔掉

保护皮肤的是皮肤自身的滋润成分和天然屏障

给为了追求无角质、无污垢的光滑美肌而过分清洁面部的女性一个忠告：请停止过度清洁，因为绝大多数皮肤问题可以归结到“过度清洁”这个元凶上。

人类的皮肤本身就有保湿成分天然保湿因子（NMF）、天然屏障成分细胞间脂质（主要成分为神经酰胺），皮肤上面覆盖的皮脂则起到防止水分蒸发的作用。只要这三个要素正常分泌，皮肤自身就能进行修复，但是过度清洁会使这些要素遭到破坏。

滋润度降低和天然屏障物质减少会引发干燥、出油、皮肤粗糙等问题

天然保湿因子、细胞间脂质和皮脂一旦减少，皮肤的保湿系统和天然屏障就会丧失原有的机能。这不仅会导致皮肤干燥，还会致使皮肤为了抵抗干燥而过度分泌油脂，从而形成油性肌或者是抵抗刺激能力较差的敏感肌。

为了预防此类情况发生，首先要戒掉过度清洁的习惯。然后，尽量选用清洁力温和的洗面奶，轻柔地洁面。

最好的保湿成分就藏在你自己的皮肤里。

——之介语录

养出美肌的 洁面产品选择法

肌肤健康的秘诀在于轻柔洁面

保护皮肤不受刺激和干燥侵害的物质正是存在于我们自身皮肤中的天然保湿因子、细胞间脂质和皮脂。健康且美丽的肌肤首先是能正常分泌这些要素的。洁面时，要注意适当保留这三要素，温和地清洗，这是打造美肌必不可少的条件。

洗面奶选碳酸型或氨基酸型的为好

市场上销售的洗面奶清洁力大多很强。为了避免过度清洁，最好选择碳酸型或氨基酸型之类成分比较温和的洗面奶。更换产品后，皮肤的改善效果因人而异，有的人可能需要花一年以上的时间才能解决原本的皮肤问题，但有的人可能只需要一个月左右。

打造美肌的第一步是不要过度清洁。

一之介语录

各种清洁成分的清洁力示意图

了解清洁成分的清洁力强弱，对选择洗面奶以及沐浴皂、洗发水都大有帮助。

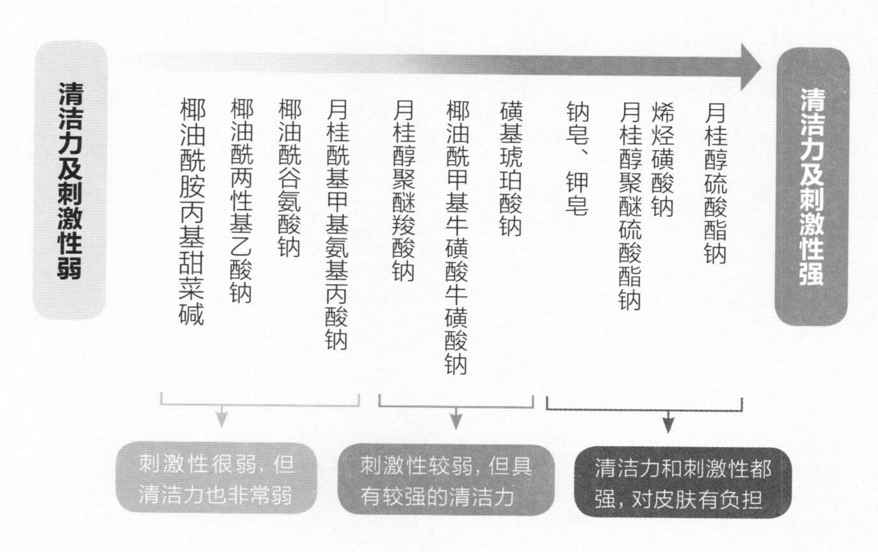

辨别碳酸型与氨基酸型产品的方法

对照下面的表格，在清洁产品成分表的前排找相应的成分，就可以判断该产品属于碳酸型还是氨基酸型了。

碳酸类清洁成分	氨基酸类清洁成分
○月桂醇聚醚－(4,5,6)碳酸钠 ○某某酰两性基乙酸钠	○月桂酰或椰油酰 ＋甲基氨基丙酸钠、谷氨酸钠、 天冬氨酸钠等之一

氨基酸型产品的清洁力相对弱一些。因此，习惯使用清洁力较强的香皂的人士、油脂分泌旺盛的人士推荐先使用碳酸型产品，之后再根据使用感受慢慢换成氨基酸型产品。

06

香皂的清洁力与刺激性都很强

特 征

- 从头顶到指尖，全部用香皂清洗
- 也喜欢收集形状可爱的香皂
- 自认为敏感肌更应该用香皂

数 据

只使用香皂

皮肤美白度★★☆

皮肤滋润度☆☆☆

起泡度在意度★★★

认为香皂温和纯属幻想，敏感肌久用很可能导致皮肤状态紊乱

“香皂 = 温和型万能清洁剂”只是消费者一厢情愿的想法！

“表面活性剂太可怕了，还是无添加的香皂用着比较安心啊”，生活中有这样想法的自然派女性不在少数。殊不知，香皂是碱和油脂化合而成的产物，是最有代表性的表面活性剂呢。

并不是说表面活性剂就一定是不好的。此处要强调的是，香皂本身对皮肤就不够温和。而众多消费者都有类似“香皂很早就有了，可以放心用”这样的思维定式，于是很放心地使用着。

香皂的碱性容易造成干燥和刺激

人的皮肤是弱酸性的。为了防御刺激和干燥，皮肤会分泌天然保湿因子、细胞间脂质（主要是神经酰胺）和皮脂。而香皂是碱性物质，对皮肤具有刺激性，还有可能导致敏感肌皮肤状态不稳定。碱性物质对皮肤天然屏障必需的皮脂的清洁力度也过强，过度使用会导致皮肤干燥，使皮脂腺过于活跃，进而有可能令皮肤变得“外油内干”。

老古董不一定就是好东西。

一之介语录

香皂的缺点比优点更多

香皂的缺点一：呈碱性

人的皮肤是弱酸性的，而香皂是碱性的，去油污力很强，容易过度清除皮肤上的油脂。过多地使用香皂清洗皮肤，就容易导致皮肤干燥。

皮肤上起保护作用的正常菌群最适合在弱酸性环境中生存，因此过多使用碱性的香皂不利于有益菌的繁殖。

香皂的缺点二：能使蛋白质变性

皮肤是由蛋白质构成的，同时，制造皮肤天然保湿因子（NMF）的也是蛋白质。而香皂具有很强的使蛋白质变性的作用。香皂泡沫不慎进入眼睛后眼睛会疼痛，就是其碱性成分与眼睛黏膜中的蛋白质发生了反应的结果。

香皂的优点和缺点比较

让我们一起来看看香皂的优点与缺点吧！

清洁力

清洁力强，能将油脂和污垢彻底洗掉。

刺激性

因为分解较快，即使残留在皮肤上刺激性也较弱。

缺点

清洁力

去油脂力度太强，会过度清除皮肤自身的保湿物质和屏障物质，容易造成皮肤干燥。

刺激性

对于弱酸性的皮肤来说，碱性的香皂并不是很友好，因为它的刺激性较强。尤其是对于皮脂分泌不足的敏感肌和特应性皮炎患者来说，香皂会对其造成很大的负担。

对于当今女性来说，香皂难道不该退场了吗？

一之介语录

07

手工制作的化妆品是可疑物，应该保持警惕

特征

- 照着网上的方法自己制作化妆水
- 拿自己做的香皂当礼物送朋友
- 将自己做的东西拍照发布到网上

数据

超喜欢做手工

皮肤美白度★★☆
皮肤滋润度★☆☆
追求原创度★★★

手工制作的化妆品是杂菌和风险聚集的温床！应该意识到它的“杀伤力”

卫生和成分配比都很难把控

市面上销售的化妆品都经过严格的卫生管控，并按照“未开封保质3年以上”的防腐要求设计。同样的要求，手工制作的化妆品能够满足吗？杂菌的混入就不用说了，还会有什么杂质混入也弄不清，因此风险也无法预测。如果只是满足自己的喜好，那做不做都是你的自由，但拿给别人使用的话就太荒唐了！

手工制作化妆水时经常用到的尿素、维生素C、绿茶中的茶多酚以及酒中的乙醇等等，都具有刺激性，浓度把握不当的话会导致皮肤状态紊乱等问题的发生。

手工皂应该禁止！原料氢氧化钠属于烈性药品

手工制作的化妆品中尤其危险的要数香皂。因为其原料氢氧化钠或氢氧化钾，哪怕溶液浓度只有1%都能腐蚀皮肤，绝对不可掉以轻心！

正规工厂有能力将碱液的浓度调整到对人100%无伤害的程度，即使有残留，也有专业的清理技术，所以不会有问题。但是在一般的家庭中制作或由业余人士来操作的话，风险就非常大了。

手工的东西才搞不清来龙去脉呢。

一之介语录

油污吸附型洗面奶会使皮肤变成『外油内干肌』！

依赖泥浆、火山灰类产品的
大油田型女子

特 征

- 喜欢用磨砂型洁面产品
- 每周在家去一次角质
- 目标是拥有光滑的鸡蛋肌

数 据

对洁面产品有讲究

皮肤美白度★★☆
皮肤滋润度★☆☆
光滑需求度★★★

磨砂、泥浆、火山灰类的洁面产品
是皮肤的“滋润神偷”！其中也不乏危险成分

吸附型洗面奶
连必要的滋润成分也不放过

有草莓鼻、油光满面型女性比较倾向于选购磨砂型和泥浆、火山灰等吸附型的洗面奶。其中大部分产品只是在清洁力强大的香皂配方的基础上添加了去除油污的成分而已，用这种产品洁面会将必要的皮脂和滋润成分一并清除，使皮肤变得越来越干。而为了平衡，皮肤会分泌更多皮脂来补充。也就是说，皮肤的内在会非常干燥，而表面却油光满面，这就是“外油内干肌”形成的原因。

这类产品中含有在健康和环境方面
存在隐患的成分

希望大家避开含有火山灰的洁面产品。火山灰的表面存在很多孔隙，确实可以起到吸附油污的作用。但是火山灰颗粒的两端是尖锐的，一旦误入眼睛容易划伤视网膜，实际上也有过这样的案例，所以日本国民生活中心已对火山灰型的洁面产品提出过警告。

此外，磨砂型洗面奶中含有合成树脂质地的小颗粒，这种物质进入下水管道后不易分解，对环境保护不利。

越拼命去油，皮肤越会拼命产油。

一之介语录

酵素洗面奶会破坏皮肤的天然屏障

皮肤被木瓜蛋白酵素害得惨不忍睹型女子

特征

- 希望彻底卸妆
- 觉得酵素充满魅力
- 每月购买三本女性杂志

数据

对一切流行的东西感兴趣

皮肤美白度★★☆
皮肤滋润度★☆☆
对酵素的信赖度★★☆

酵素不仅分解油污，也“分解”皮肤本身！
每周最多使用一次

酵素有促进蛋白质分解的作用，
可以一直作用到皮肤屏障层

酵素洗面奶因去污力强和去角质效果好而大受欢迎。酵素又叫酶，是一类有催化作用的成分。皮肤的油污中有蛋白质类成分，因此使用含有蛋白质分解型酵素（可以加快蛋白质的分解）的洗面奶或洗涤用品，就可以轻松清除油污。

然而，人的皮肤也是由蛋白质构成的，如果频繁使用酵素洗面奶，皮肤表面起到屏障作用的角质层也会被分解，皮肤就会变得敏感或出现其他问题。

酵素是蛋白质，
可能导致皮肤过敏

再进一步说，酵素本身也是一种蛋白质，有引发过敏的风险。几年前，曾陆续发生过好几起使用了绿茶香皂后过敏的案例，均是由小麦中提取的蛋白质引起的。

最近的研究就明确指出，酵素类产品中经常使用的木瓜蛋白酶有一定的致敏风险，一定要注意。

每天使用酵素洗面奶是破坏皮肤的行为。

一之介语录

可以吃的东西涂在皮肤上大可放心？其实不然！

柠檬呀蜂蜜呀之类的，超级有女性魅力的吧？

用食品护肤型女子

特　征

- 认为用食品护肤肯定是最好的
- 将厨房里的食用油倒出一些放到洗手台
- 经常在干裂的唇部涂抹蜂蜜

数　据

用油做护理

皮肤美白度★★☆

皮肤滋润度★☆☆

对食物放心度★★★

1.INS，全称 Instagram，是近年来日本女性热衷的一款图片社交软件，其最吸引人之处是自带强大的滤镜功能，还可以在自己分享的照片下发布评论等。——译者

食用油不能替代化妆品！
对身体有益的食品，对皮肤却可能有害

食用油中所含的杂质会对皮肤造成刺激

有的女性会将食用橄榄油、椰子油等用于保湿或卸妆，觉得“能吃进嘴里的东西，用在皮肤上也是安全的”，实际上这样的想法完全是错误的。

天然油中含有各种杂质。作为化妆品销售的油类，安全起见都要去除杂质。食用油中则会适度保留杂质中的风味物质，然而这种杂质涂抹到皮肤上，就会刺激皮肤。

吃了不易长胖的油，涂在皮肤上会变成“老化促进剂”！

顺便说一说最近因为“ω-3热潮”而受到追捧的苏子油和亚麻籽油吧。这些油食用后马上会被分解，不容易堆积在体内，是非常好的食用油。但是这些油涂抹在皮肤上，在皮肤表面分解就有问题了。化妆品对皮肤的刺激主要就来自这种分解反应。油的分解作用也叫作氧化，会促进老化。所以化妆品中使用的大多是不易氧化的硅油等油类。

食品都是安全的？难道涂酱油也不会造成皮肤问题吗？

一之介语录

油类也有“食用级”和“化妆品级”之分

食用油中有杂质残留

天然的油中含有杂质。制作药品和化妆品时要把安全放在第一位，所以药品和化妆品用的油是彻底去除了杂质的。而食用油则是彻底去除了毒性物质，但在一定程度上保留了一些杂质。这是因为杂质中包含风味物质，100%去除的话油就没有味道了。

吃下去没事的杂质涂抹在皮肤上却会造成刺激

油类按照其精炼程度从高到低排序，依次分为药品级、化妆品级和食品级。

当然，食品级油类中的杂质吃下去也是无害的，但是吃下去无害的杂质，附着在皮肤上往往会对皮肤造成刺激。

油品的精炼程度分三个等级

油品根据用途，按三个适宜的精炼等级进行加工。医药品因为关乎人命，精炼程度是按最高级别严格管控的。精炼程度次之的是要保证皮肤绝对安全的化妆品用油。讲究美味的食用油在精炼程度方面的要求就比较宽松了。

低
食品级别

味道最重要

·特地保留杂质中的风味物质及营养物质，是纯度级别最低的油。
·可在胃里分解，允许有少量的刺激物。

中
化妆品级别

安全性最重要

·基本上去除了对皮肤有刺激性的杂质。
·皮肤没有办法消化杂质，油类氧化时或杂质接触皮肤时会造成刺激。

高
药品级别

比化妆品的纯度更高

·进一步精炼，是彻底将残余的少量杂质去除干净了的油品。
·因为要用于医疗，所以十分重视稳定性，纯度级别必须是最高的。

食用没问题≠涂在皮肤上也没问题。

一之介语录

11

选卸妆产品，油脂类比乳液类更合适

不会吧……只有卸妆油吗？不行不行不行不行，绝对不行。

拒绝用油类，只信乳液型女子

特征

- 以前听说卸妆油不好
- 为“外油内干”而烦恼
- 认真仔细地做清洁

数据

对乳液较放心

皮肤美白度★★☆

皮肤滋润度★☆☆

化妆品专柜

店员信任度★★★

“卸妆油 = 干燥”是误解！油脂可使肌肤变得有弹性

乳液、啫喱会在不经意间给皮肤造成负担

近年来，“卸妆油会使皮肤干燥”的说法渐渐传开，卸妆乳和卸妆膏貌似更有人气。

的确，卸妆乳、卸妆膏、卸妆啫喱和卸妆水的清洁力相对温和。但是用这些产品把彩妆彻底卸除所需的时间更长一些，不当心的话，就有可能将面部必需的滋润成分也一并洗去。另外，揉搓皮肤时间过长也很有可能使皮肤变得粗糙。

需要避开的是矿物油，油脂是不会导致干燥的优质油

大家都认为不好的卸妆油，其实是指矿物油。它虽然是没有刺激性的安全油类，但由于脱脂力太强，极易导致皮肤干燥。

不过，从动植物中提取的油脂就另当别论了。这些油脂在构造上接近人类的皮脂，涂在皮肤上也能与皮脂很好地融为一体，起到滋润和保护的作用。它既能将彩妆彻底卸除干净又不会导致皮肤干燥，是一类非常优质的油。只是，购买时请注意选择不易氧化的油脂产品哦。

卸妆油也千差万别。

一之介语录

各类卸妆产品的特征

液态的卸妆产品清洁力弱，还容易造成干燥

卸妆水、卸妆啫喱的主要成分是水和表面活性剂。这类产品几乎不含油分，清洁力明显较弱。为了彻底将彩妆卸除干净，使用时必须在脸上停留更长时间，因此反而容易将皮肤上的滋润成分一起洗掉。用手揉搓的过程也容易增加皮肤的负担，可能导致皮肤粗糙。可以说，它们的优点很少。

清洁力在线的卸妆膏用起来却很不方便

卸妆膏的清洁力还可以，但多数添加了矿物油，容易导致皮肤干燥。卸妆膏是通过将彩妆的油分溶解实现卸妆效果的，成分以油分为主。在浴室使用时，湿气会影响产品的卸妆效果。

各类卸妆产品的清洁力以及对皮肤的负担比较

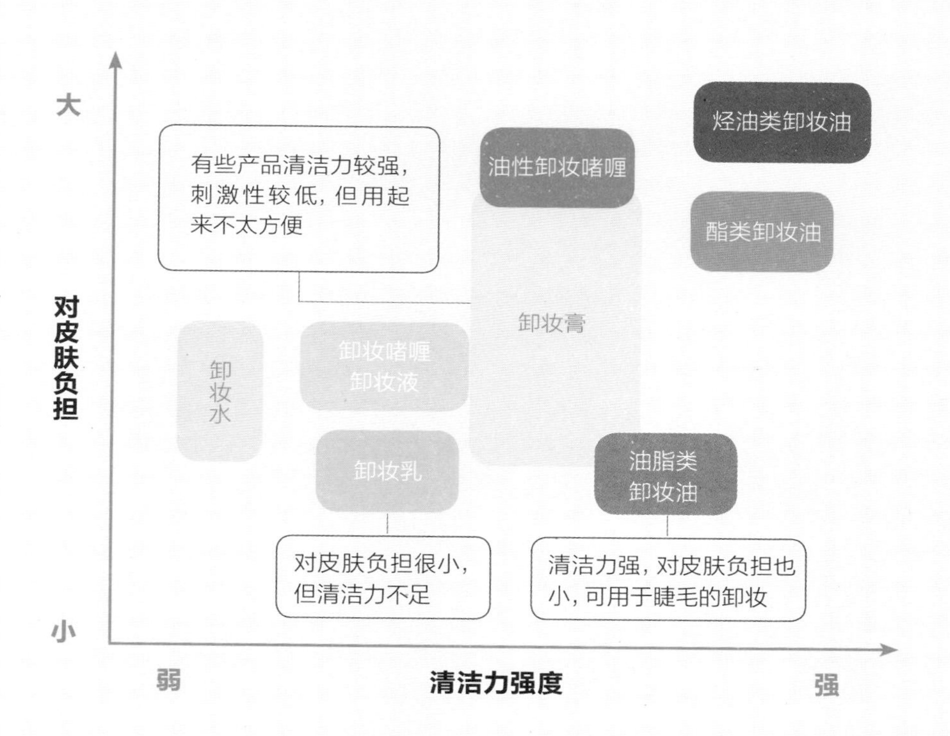

如上图所示，越往右产品的清洁力越强，越往上产品对皮肤的负担越大。烃油类卸妆油（主要成分是矿物油及氢化聚异丁烯等）虽然清洁力很强，但对皮肤的负担也很大，需要谨慎使用。而油脂类卸妆产品清洁力强，对皮肤的负担却很小，在浴室使用起来也很方便，还可以用于睫毛的卸妆。

敏感肌人群避开卸妆啫喱是没错的。

一之介语录

万无一失的
油脂类卸妆产品选择法

所谓“油脂”，究竟是何物？

所谓油脂，是指从动植物中提取的油分。人的皮脂的主要成分也是油脂，所以油脂即使残留在皮肤上，也可成为保湿成分。它既能彻底清除彩妆油污，还能使皮肤保留必要的滋润成分。只是，氧化的油脂会对皮肤造成刺激，因此芝麻油、杏仁油等容易氧化的油脂不适合用在皮肤上。请选用澳洲坚果籽油等不易氧化的油类。

油脂类卸妆产品不会引起皮肤干燥的原因

油性强的卸妆油的优势是能够将其他油分溶解，但是涂抹在皮肤上后也会将皮肤的滋润成分——皮脂一起清除掉。

而油脂类卸妆油构造与皮脂相近，涂抹在皮肤上也能与皮脂和谐共处，不会使皮脂过度流失，因此使用后不会感觉干燥。

各类油品成分的油性强度

让我们一起来看下各类油品成分的油性强度吧。

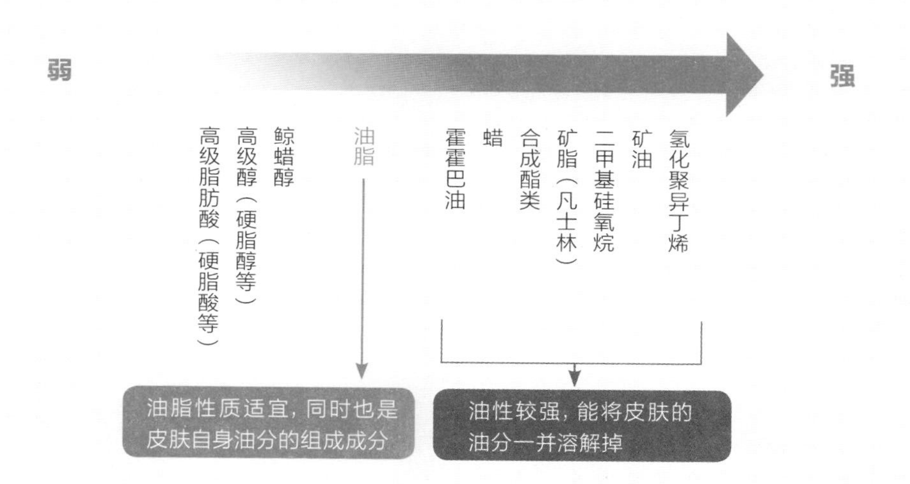

●不易氧化的油脂

澳洲坚果籽油、鳄梨油、摩洛哥坚果油、米糠油等。

此类油的特征：不易氧化的单不饱和脂肪酸含量丰富，易氧化的多不饱和脂肪酸含量少，还含有多种抗氧化的维生素。

氧化的油分中含有对皮肤有刺激性的物质，可能造成皮肤状态不稳定，因此应该选用不易氧化的油脂。其中，澳洲坚果籽油和鳄梨油中含有丰富的棕榈油酸，这种成分对于抗衰老十分有益。

油脂溶解油污和保持皮肤滋润的能力较强，保持皮肤弹性的效果也不错。

一之介语录

12

化妆品不会『渗透』，一大半的成分是无效的

希望化妆品多渗透进皮肤的拍打型女子

特 征

- 为了让化妆水渗透进去不停拍打皮肤
- 认定皮肤发红是因为促进了血液循环
- 有时拍打脖子拍到发呛

数 据

拍打以求渗透

皮肤美白度★★☆
皮肤滋润度★★☆
手劲儿★★★

化妆品无法渗透到皮肤底层，除了能在角质层发生作用的成分外，其他成分都纯属浪费

普通的化妆品很难突破皮肤屏障

为了让化妆品尽量渗透进皮肤，喜欢用手使劲拍打皮肤、用化妆棉或纸膜敷脸的女生，你们的努力可能要白费了。因为事实上，化妆品是无法渗透到皮肤底层的。准确来说，它只能在皮肤表面的角质层发挥作用。

角质层是皮肤表面起到屏障作用的部分。化妆品类的产品一般是很难突破这层屏障的，而那些能够轻易突破的产品可能会导致副作用，这种化妆品是禁止生产的。

几乎所有的美肌成分无法到达皮肤底层就等同于无效

水分和神经酰胺是角质层本来就有的物质，没必要让其渗透到皮肤底层，只要补充到角质层即可发挥作用。维生素 C 及虾青素等抗氧化成分的作用是预防皮肤表面的氧化，也是到达角质层就可以起作用（维生素 C 具有刺激性）。

但是，市面上常见的一些美肌成分和细胞活性成分等，都需要到达比角质层更深的基底层或真皮层才能发挥效果。

再优秀的成分，无法渗透进皮肤也是白搭。

一之介语录

化妆品的“渗透”与效果的真相

以渗透性强为卖点的化妆品广告圈套

在化妆品广告中经常能听到“其成分能很好地渗透……”这样的广告词。但如果你用心看的话，能在广告的角落里看到一行小字：“渗透是指到达角质层。”

大多数消费者没有留意到，就理所当然地误解为产品成分可以渗透到皮肤底层了。

拍打只会让皮肤变黑！

实际上，即使拼命用手按压、拍打皮肤也只能让化妆品成分渗透到角质层。不仅如此，拍打还会对皮肤造成刺激。受到刺激以后，皮肤会发生应激反应，生成黑色素来自我保护，时间久了就会导致色斑和黑头产生，因此用力拍打是不可取的。

化妆品能渗透到哪一层？

“化妆品成分可渗透、到达皮肤的底层……”其实这是做不到的。

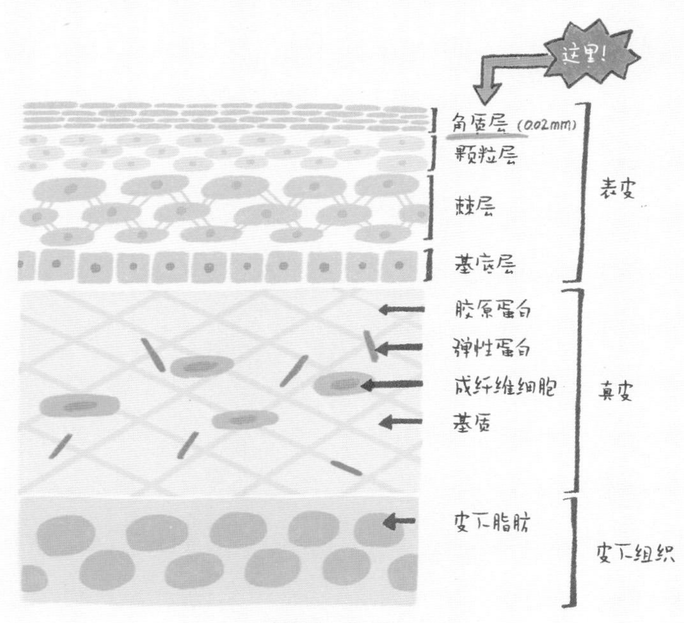

皮肤的构造

皮肤最外层是一层像薄膜一样的角质层。角质层中有许多老化了的角质细胞，细胞的间隙中填充着水分、细胞间脂质（主要成分为神经酰胺）等物质。正是在它们的团结合作下，皮肤得以抵御外部异物的入侵，这就是皮肤屏障。普通的化妆品能够到达的就是这一层。如果强行突破的话，就会有引发过敏等副作用的风险！

除在角质层起作用的成分外，其他成分都是无效的，仅能起到补充水分的效果。

一之介语录

13

『用足化妆水』的想法只是为难肌肤和钱包

用化妆水别心疼，让皮肤“咕咚咕咚”喝个够。

简直是在用化妆水洗澡

一次要用三次的量

衣服惨不忍睹

用化妆水洗脸型女子

特 征

- 选用廉价的化妆水大量涂抹
- 与“质”相比，凡事都更看重“量”
- 用纸膜敷脸也要敷 20 分钟以上

数 据

喜欢泡在化妆水里

皮肤美白度★★☆

皮肤滋润度★★☆

对柔软肌肤迷恋度★★★

化妆水使用 1 元硬币大小的量就足够，反复过量使用会增加对皮肤的刺激，同时弱化皮肤屏障功能

即使是好的化妆水，用量越大，对皮肤的刺激也越大

“化妆水要充分涂抹。”大多数女性从很早前就被灌输了这样的美容信息吧？然而不论是多么好的化妆品，都不可能做到 100% 都是有益成分。比如像苯甲酸酯这样的防腐剂，少量接触是完全没有问题的，但量大的话就会造成刺激。所以反复过量涂抹化妆水，引起刺激的风险也会加大。

过量的化妆水要么蒸发掉，要么一不当心引起皮肤屏障功能弱化

前面已经说过，普通的化妆品只能渗透到角质层，多余的成分会蒸发掉。进一步来说，角质细胞的主要成分角蛋白，在水分含量过多的情况下功能会弱化。在浴缸里泡太久皮肤会涨也是这个原因。年轻、健康的皮肤是不用担心的，但敏感肌以及到了一定年龄的人，如果持续过量使用化妆水的话，就可能导致原本弱化的皮肤屏障功能进一步变弱。

“过犹不及”说的就是这个道理。

一之介语录

预防化妆水蒸发的『保护罩』并不是必需的

用乳液或面霜彻底保湿型女子

特征

- 离不开乳液或面霜
- 为了保证水分不流失，足量使用乳液或面霜
- 想方设法拯救干燥肌

数据

用乳液预防干燥

皮肤美白度★★☆
皮肤滋润度★☆☆
皮肤黏糊程度★★★

油分过多的“罩子”是干燥肌的诱因，有需要的女性做做就好

最好的“保护罩”是肌肤表面的皮脂膜

“涂抹化妆水后，再涂上乳液或面霜预防水分蒸发，让油分形成一层保护罩。”这是已经常识化的观点，但其实这个“保护罩”并不是必需的。

对于皮肤来说，最好的油分就是自身分泌的皮脂。即使不特意涂抹化妆品，为皮肤盖上“保护罩”，健康的皮肤表面本就有的皮脂膜也会维持角质层的滋润度。皮肤屏障机能较弱的人皮脂分泌得少，皮肤干燥的时候涂抹一些面霜是合理的。但是不要认为乳液或面霜是必需的！

涂抹过多的油分会导致皮脂分泌处于“受限模式”

如上所述，乳液或面霜并不是必需的。根据干燥程度适当补充一下油分是可以的，但是油分过剩会导致皮脂的分泌受到影响，反而容易使皮肤内部变得干燥。所以，请根据皮肤状态适量涂抹乳液或面霜。

乳液基本上是水分和油分混合而成的，有的产品大部分都是水分，与化妆水并无多大差异。因此如果是为增加“保护罩”而补充油分的话，面霜才是最佳选择。

将销售额视为生命的化妆品商家，当然会推荐按顺序叠加使用各种产品。

—之介语录

洗脸后的护肤
基本上这样就可以了

洗脸后的护肤步骤

洗脸后的护肤目的，主要是调理角质层的保湿、屏障功能。一般使用含有神经酰胺成分的化妆水或多效护肤啫喱就可以。皮肤比较干燥的话，可以涂一些面霜，用些成分温和的预防色斑、老化的抗氧化产品也可以。

要留意不易分辨的神经酰胺标示

允许称神经酰胺的只有人神经酰胺。与其相似的神经酰胺类似物、神经鞘脂类、糖神经酰胺等成分，实质上并不是真正的神经酰胺。不过，这些成分尽管效果不佳，但与人神经酰胺相比价格更合理，如果添加足够的量，也可能达到一定的效果。

主要的神经酰胺类成分一览表

目前最有效的神经酰胺是人神经酰胺。神经酰胺 1 和神经酰胺 NP 之类以“神经酰胺 + 数字（或字母）”命名的，都是人神经酰胺。这些神经酰胺均具备优异的防干燥和保湿效果，但又各有所长。

分类	成分名称	成分解说
人神经酰胺	神经酰胺 1/ 神经酰胺 EOS	存在于人类皮肤中的屏障功能物质，可保护皮肤免受干燥和外部刺激的影响。有数据表明，特应性皮炎皮肤、敏感皮肤和衰老皮肤中缺乏神经酰胺，可通过外部补充神经酰胺来修复皮肤屏障功能
	神经酰胺 2/ 神经酰胺 NS	
	神经酰胺 3/ 神经酰胺 NP	
	神经酰胺 6　II/ 神经酰胺 AP	
	神经酰胺 9/ 神经酰胺 EOP	
	神经酰胺 10/ 神经酰胺 NDS	
合成神经酰胺类似物	十六烷氧基 -PG 羟乙基十六酰胺	一类化学合成的神经酰胺类似物，能起到与人类皮肤角质层中的神经酰胺类似的作用；可通过外部补充来增强皮肤的屏障功能，尽管效果不能达到人神经酰胺的程度，但可以通过增加浓度来提升效果
	鲸蜡基 -PG 羟乙基棕榈酰胺	
	植物甾醇 / 辛基十二醇月桂酰谷氨酸酯	
植物神经酰胺	稻糠糖鞘脂类	天然神经酰胺类似物，包括从稻米中提取的糖神经酰胺（葡萄糖神经酰胺）等。糖神经酰胺是神经酰胺的前体，其作用类似于神经酰胺
动物神经酰胺	马鞘脂类	天然神经酰胺类似物，包括可从马油中少量提取到的糖神经酰胺（半乳糖神经酰胺K）等。另外“生物神经酰胺”是脑苷脂的原料名称，不是化妆品成分名称
	脑苷脂类	

如果想进阶护理

干燥时可以涂一点儿只含有神经酰胺的保湿霜。如果想防止皮肤表面氧化，并延缓色斑生成和皮肤老化，选择添加了抗氧化剂（胎盘素、虾青素等）的产品可以一举两得。

一之介的推荐程度（1～4）

1：推荐　2：一般　3：微妙　4：尽可能避免

种类	用途	成分名	成分介绍	★
水溶性成分	水性基质、保湿成分	乙醇	常被用作清爽系列产品的保湿成分，但除了刺激皮肤外，由于具有致敏性和挥发性，存在导致皮肤干燥的缺点	4
		PG（丙二醇）	尽管长期以来被广泛用作保湿成分，但由于脂溶性强，可能渗透到皮肤中引起刺激，因此近来的使用已经受到控制	4
		DPG（双丙甘醇）	经常用于廉价产品的保湿成分，但已经有报道指出其可能刺激眼睛和皮肤（许多报道表明其对眼睛的刺激性强烈）。该成分还具有防腐性能	3
		乙基己基甘油	具有防腐性能的保湿成分，通常以高浓度加入无防腐剂化妆品中。添加量太大时可能会刺激皮肤	3
		辛二醇		
		1,2-己二醇		
		1,2-戊二醇		
		丙二醇	一种保湿成分。关于其刺激性的信息很少，但存在一些安全隐患	3
		甘油	由于具备高保湿性，通常用作化妆品的主要成分。皮肤刺激性和致敏性较弱，使用感相对湿润	1
		双甘油	与甘油性质类似的保湿成分，一般用于温和的化妆品中	1
		BG（丁二醇）	和甘油一样是温和的保湿成分，经常用作敏感肌专用化妆品的主要成分，使用感清爽	1
	功能性水性成分	透明质酸钠	一类黏多糖（动物性保湿成分）。与水混合时会形成凝胶并储存水分，是一种典型的皮肤表面保湿成分	1
		乙酰化透明质酸钠		
		水解透明质酸		
		胶原	一类纤维状蛋白质，是构成皮肤的基础成分。配制成化妆品时，就成为皮肤表面存储水分的保湿剂	1
		水解胶原		
		琥珀酰缺端胶原		
		水解弹性蛋白		
		甜菜碱	具备亲水性，可用作保湿成分	2
		谷氨酸钠		
		氨基酸类	包括天冬氨酸、丙氨酸、精氨酸、甘氨酸、丝氨酸、亮氨酸、羟脯氨酸等，因氨基酸的特性而具备亲水性，经常用作保湿成分	2

续表

种类	用途	成分名	成分介绍	★
水溶性成分	功能性水性成分	海藻糖	属于糖类或糖类衍生物，具备亲水性，因此多作为保湿成分使用。基本上没有刺激性，皮肤安全性也很高	1
		糖基海藻糖		
		蔗糖		
		山梨（糖）醇		
		氢化淀粉水解物		
		蜂蜜		
		甲基葡糖醇聚醚类		
		聚季铵盐-51	被称为“高保湿锁水成分”，具有高保湿作用	1
		卡波姆	一种合成胶凝剂。具备存储水分并形成凝胶的性质，常作为高安全性增稠剂使用	2
		黄原胶	食品中使用的增稠剂，是微生物发酵淀粉的产物。与卡波姆相比，对皮肤更温和，但需要注意的是其中存在性质尚不明确的杂质	2
油性成分	油性基质	矿油（矿物油）	从石油中提炼的烃油。尽管它是一种刺激性弱、价格便宜的原料，但用于卸妆产品存在脱脂力过强的缺点	3
		角鲨烷	一种烃油，多从植物油中提取。广泛用作化妆品中的温和防护油，纯油也可用于皮肤护理	2
		矿脂（凡士林）	与矿物油一样，是从石油衍生而来的烃油。呈半固体状，可防止水分蒸发且刺激性弱，因此通常用于保护干燥的皮肤	2
		微晶蜡	一种合成蜡，但主要成分是烃油，是各种美妆品和发蜡的主要成分	2
		氢化聚异丁烯	具有高疏水性，广泛用于防水化妆品中，还是防水卸妆产品的主要成分	3
		聚二甲基硅氧烷	一类具有高皮膜力的链状硅油。用于重型营养护理的基质和彩妆产品中。需要注意的是，这类成分容易残留	3
		二甲基硅氧烷		
		双-氨丙基聚二甲基硅氧烷		
		环五聚二甲基硅氧烷	皮膜力相对较低的环状硅油。具有很高的挥发性和光滑的手感，残留性低	2
		环聚二甲基硅氧烷		
		甘油三（乙基己酸）酯	一类人工合成酯油，具有很高的安全性和稳定性，可用于各种化妆品基质。用于卸妆产品基质时，脱脂力会增强	2
		鲸蜡醇乙基己酸酯		
		辛基十二醇肉豆蔻酸酯		
		异壬酸异壬酯		

种类	用途	成分名	成分介绍	★
油性成分	油性基质	羊毛脂	动物酯油。由于担心纯度问题导致过敏，近来化妆品中使用得比较少	4
		鲸蜡醇	高级醇油，作为低黏性皮膜成型剂使用。可能对皮肤有微弱的刺激性	3
		硬脂醇		
		硬脂酸	高级脂肪酸成分。虽然质地轻盈，但如果浓度过高的话，对皮肤的渗透性会加大，可能会带来较大刺激。一般用作肥皂的原料，不能单独使用	3
		棕榈酸		
		肉豆蔻酸		
	功能性油性成分	氢化橄榄油	含有大量油酸的油脂，亲肤性良好并具有令皮肤柔软的作用。根据油中所含的维生素的不同，可调配出具备出色抗氧化能力的油脂。需要注意的是，含有多不饱和脂肪酸（亚油酸、亚麻酸等）的油脂容易氧化	1
		马脂（马油）		
		刺阿干树仁油		
		氢化米糠油		
		澳洲坚果籽油		
		椰子油	是制造许多化妆品成分的主要原料。尽管稳定性高且易于使用，但主要成分是饱和脂肪酸，因此使皮肤柔软的作用较小	2
		霍霍巴籽油	主要成分是蜡类，但类似油脂，是含有脂肪酸的植物油。由于其成分与皮肤的天然保湿成分非常相似，因此高度精制的霍霍巴油通常被用作皮肤保湿剂。金霍霍巴油的纯度较低，可能会刺激皮肤，但具有亲肤性	1
		神经酰胺1/神经酰胺EOS	存在于人体皮肤上的一种屏障功能性物质，可保护皮肤免受干燥和外部刺激影响。有数据表明，特应性皮炎皮肤、敏感皮肤和衰老皮肤中缺乏神经酰胺。可通过外部补充神经酰胺来修复皮肤屏障功能	1
		神经酰胺2/神经酰胺NS		
		神经酰胺3/神经酰胺NP		
		神经酰胺6 II/神经酰胺AP		
		神经酰胺9/神经酰胺EOP		
		神经酰胺10/神经酰胺NDS		
		十六烷氧基-PG羟乙基十六酰胺	一种神经酰胺类似物，可以起到与人类皮肤角质层中的神经酰胺类似的作用。可从外部补充，增强皮肤的屏障功能	2
		植物甾醇/辛基十二醇月桂酰谷氨酸酯	一种神经酰胺类似物。广泛用于各类产品中，在安全性和实用性方面享有盛誉	

续表

种类	用途	成分名	成分介绍	★
油性成分	功能性油性成分	稻糠糖鞘脂类	神经酰胺类似物，包括从稻米中提取的糖神经酰胺（葡萄糖神经酰胺）等。糖神经酰胺是神经酰胺的前体，其作用类似于神经酰胺	1
		马鞘脂类	包括可从马油中少量提取到的糖神经酰胺（半乳糖基神经酰胺K），是神经酰胺类似物	1
		植物甾醇 澳洲坚果油酸酯	成分与人类皮脂相近的油分的衍生物。易渗透进皮肤和头发，并使其更柔韧	1
表面活性剂	清洁剂	钠皂基	有代表性的皂基。在成分表中，有时以“×酸+甘油+氢氧化钠（或氢氧化钾）”的方式标注。是一种去污力强、使用方便的洗涤剂，易于分解，不易残留，但呈碱性，在清洁过程中会产生刺激性。油酸系列的皂基刺激性相对较弱	3
		钾皂基		
		月桂酸钠		2
		油酸钠		
		油酸钾		
		月桂醇硫酸酯钠 （十二烷基硫酸钠）	一种合成洗涤剂。对敏感肌肤刺激性强，具有皮肤残留性。这是化妆品中最应该避免使用的表面活性剂成分	4
		月桂醇聚醚 硫酸酯钠	通过改进月桂醇硫酸酯钠制成的洗涤剂，虽然刺激性和残留性已经得到很大程度的控制，但仍不适合敏感性皮肤	3
		C14-C16 烯烃磺酸钠	尽管它是月桂醇硫酸酯钠的替代成分，最近使用得比较多，但其高脱脂力和对敏感性皮肤的刺激性并没有得到太大改善	4
		月桂醇聚醚-5 羧酸钠	通常被称为“酸性肥皂”。它的结构类似于肥皂，并且对环境的负担小，即使在弱酸性的环境中也能充分发挥去污力，是一种温和的清洁成分	1
		甲基椰油酰基牛磺酸钠	一种基于牛磺酸的清洁成分，刺激性较弱，清洁能力较强	2
		月桂酰基甲基 氨基丙酸钠	弱酸性氨基酸型表面活性剂。就低刺激性这一点而言，它的表现特别出色，并且使用过后皮肤相对湿润	1
		椰油酰基谷氨酸TEA盐	一种具有柔和去污力和低刺激性的氨基酸型表面活性剂，是适合敏感性皮肤的清洁成分	1
		椰油酰胺丙基甜菜碱	一种两性离子型表面活性剂，是特别温和的清洁成分，用于制作婴儿香皂和温和的洗发水。具有减轻阴离子型表面活性剂刺激性的作用	2

续表

种类	用途	成分名	成分介绍	★
表面活性剂	清洁剂	椰油酰两性基乙酸钠	一种刺激性极低的两性离子型表面活性剂，适合敏感性皮肤和特应性皮炎皮肤	1
		月桂基葡糖苷	一种非离子型表面活性剂。本身比较温和，但脱脂作用非常强，可提高洗发水的去污能力。也可以用作洗洁精的辅助剂	3
		PEG-20 甘油三异硬脂酸酯	非离子型表面活性剂，可用作卸妆乳化剂。添加到洗发水中，可以起到清洁作用	2
		PEG-150 二硬脂酸酯		
	柔软剂	山嵛基三甲基氯化铵	阳离子型表面活性剂，是营养型护发剂和护发素的主要成分。能使被吸附的部分呈现光滑的质地，但具有高残留性，可对敏感性皮肤产生刺激	3
		鲸蜡硬脂基三甲基氯化铵		
		西曲氯铵		
		硬脂酰胺丙基二甲胺	相对温和的阳离子型表面活性剂	2
		山嵛酰胺丙基二甲胺		
		聚季铵盐-10	一种阳离子聚合物，是洗护二合一型洗发水中的护发成分，吸附在头发上可以带来湿润的感觉。如果添加的量过多，毛发质地将变硬	2
		硅氧烷	在硅的基础上增加亲水结构的有机硅类涂层剂，刺激性弱，添加到护发产品中可带来光滑、湿润的效果	2
		聚二甲基硅氧烷醇		
	乳化剂	氢化卵磷脂	一种非离子型表面活性剂，生物相容性表面活性剂。可乳化低刺激性化妆品，还可以用作脂质体的表面活性剂	1
		聚山梨醇酯类	非离子型乳化剂。所含大分子物质很多，对皮肤的刺激性极弱。主要用于面霜和精华液等需涂抹的化妆品中。绝大多数是合成产品，但由于用量很小，基本上不会给皮肤带来负担	2
		山梨醇聚醚-n 四油酸酯		
		山梨坦异硬脂酸酯		
		硬脂酸甘油酯		
		PEG-n 氢化蓖麻油		

第二章

成年女性的
进阶护肤法

除了基础护理外，本章将对成年女性在护肤方面的烦恼、
打造美肌的进阶护肤方法等做一下介绍。
正因为是成年女性，才更需要了解这些美容信息。

自来水对肌肤会有多坏的影响？

特 征

- 洗完澡马上用精制水擦脸
- 自称“美肌宅女”
- 完全不在意用便宜的化妆棉

数 据

不喝自来水

皮肤美白度★★☆

皮肤滋润度★★☆

氯气在意度★★★

皮肤健康的人根本不用担心自来水对肌肤有刺激，需要注意的是居住地的水质不好，又患有特应性皮炎的人群

真相 1

一般是不需要担心的，不过也曾有特应性皮炎患者因为余氯症状加重的例子

自来水里含有的矿物质（钙、镁等）确实会对肌肤有一定程度的刺激，但如果居住地的自来水是矿物质含量较少的软水，一般来说是不需要担心其会对肌肤造成什么影响的。不过，水质的地域差异比较大，水质差的地方一般会用较多的氯气进行消毒。曾经也有余氯导致特应性皮炎患者过敏症状加重的例子。因此，目前居住的地方水质不好，又患有特应性皮炎的朋友，可以用加装净水器等方法解决余氯问题。

用精制水、维生素 C 等除氯也有让人不放心的地方

有的女士用自来水洗过脸后，会马上用精制水泡过的化妆棉来擦拭面部，但精制水是很容易变质的，这点很难解决。使用含有维生素 C 或维生素 C 衍生物的化妆水，虽然能使氯的作用减弱，但也有可能刺激皮肤。

推荐的做法是：安装具有除氯作用的净水花洒。我自己也在用这种花洒，测试后发现除氯效果明显。要确认家里的水质情况也很简单，去买市售的余氯检测试纸或者水质检测仪，一测便知。

用精制水的时候总是担心它有没有变质，这样的压力才是对皮肤最不好的。

一之介语录

16

油其实并不能起到保湿作用

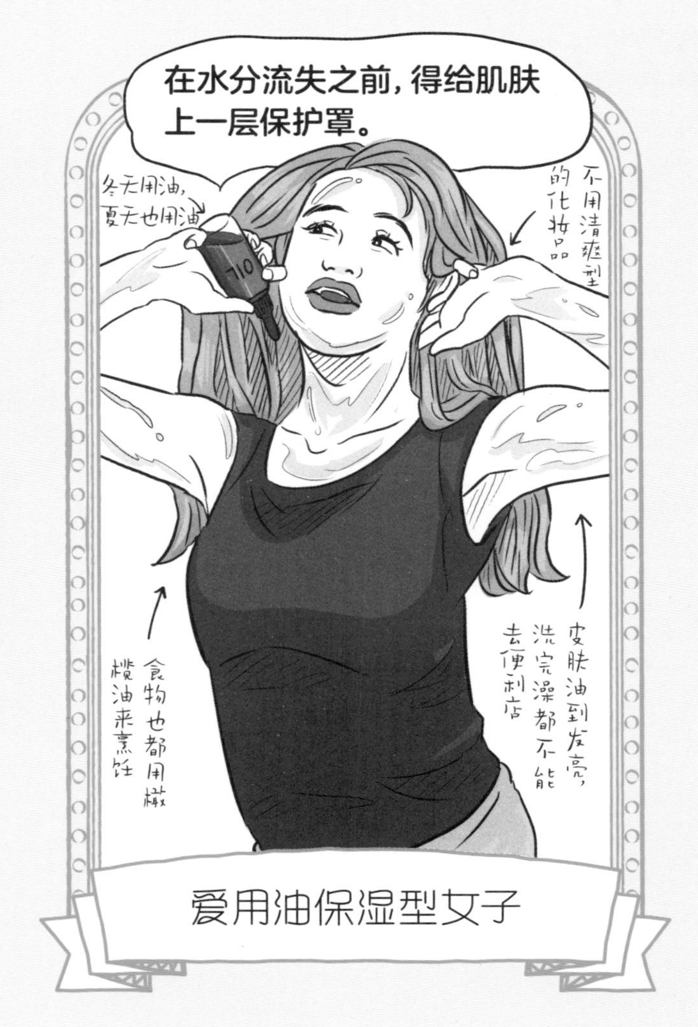

特 征

- 为了保湿，洁面后喜欢用油来护肤
- 相信“与乳液相比，油才是最强保湿剂”的说法
- 枕头被弄得油油的

数 据

重视保湿护理

皮肤美白度★★☆

皮肤滋润度★☆☆

滋润重视度★★★

油并不是保湿剂，而是保护剂！
即使涂了，肌肤内部也不会变得湿润，反而容易干燥

油的作用犹如给肌肤盖上一层薄纱

我们来复习一下。护肤的目的是将掌管保湿和保护机能的角质层调整到最佳状态，因此，最重要的是补充角质层中的水分和神经酰胺。而油其实是覆盖了角质层，成了皮脂的替代品，防止化妆水蒸发，从外部保护肌肤这种类似罩子、保护膜的作用是有的，但这绝不是保湿，而是保护。肌肤本身并没有变得润泽起来。

给肌肤过多的油分，
会导致肌肤自身的皮脂分泌变得不充分

皮肤越干燥的女士越喜欢用油来护理皮肤。但是，油分过多会抑制皮脂的分泌，反而导致肌肤内部更加干燥。皮肤干的时候，少量涂抹一些油也没什么坏处，但是没有必要每天都用油来护理，这一点请务必了解。另外，卸妆的确是用油脂最合适，但这些油脂终究是要洗掉的。油脂容易氧化，整天都涂的话很容易在空气中发生氧化，切记不要大量涂抹。

涂在肌肤上的油 = 保护油。

一之介语录

油的种类及各自的优点与缺点

烃油不能直接涂

仅由碳元素和氢元素组成，油性较强的油叫作“烃油”。矿物油、酯化油、角鲨烷等都属于此类。婴儿油大部分也是烃油。这类油在涂完乳液之后使用没有任何问题，但是如果直接涂抹则会吸收皮肤本身的皮脂，导致皮肤干燥。即使用水打湿皮肤后再涂也是一样的，要特别注意。

要用到油的时候，一定要把量控制在极少的范围内

角质层的保湿，需要的是水分和神经酰胺等物质。油脂是和皮脂性质类似的东西，在皮脂上再涂油脂，也只会形成类似皮脂的保护膜。但是，皮肤自己会分泌皮脂，没有必要特地用油脂去护理。过量涂抹油脂，还有可能导致冒痘痘或者因为油脂氧化而加速肌肤的衰老。因此，如果平时护理要用到油脂类的油，一定注意不要多涂，可以的话控制在 2 ~ 3 滴，抹上薄薄的一层就好。

油的三个种类

让我们来了解一下油的三个种类吧。

烃油

稳定性最高，对肌肤刺激最小的油，是非常优秀的肌肤保护剂。烃油中不仅有高人气的矿物油和凡士林，更有肌肤适应性出众的角鲨烷。但是，安全性高的另一面是保湿效果微弱。此外，烃油直接涂于肌肤的话会吸附肌肤内部的油分，导致肌肤干燥，这也是它的一大缺点。

烃油举例	
矿油	液体石蜡
矿脂（凡士林）	角鲨烷
氢化聚异丁烯	微晶蜡
异十二烷	异十六烷

酯化油

除了大家熟知的美容油——霍霍巴油以外，大多数酯化油是合成的。其性质介于烃油和油脂之间，稳定性高，也是很优秀的肌肤保护膜，缺点也差不多介于两者之间。

酯化油举例	
霍霍巴油	棕榈酸异丙酯
甘油三（乙基己酸）酯	异壬酸异壬酯
肉豆蔻酸异丙酯	异硬脂醇月硅酸酯

油脂

利用动植物制成的油，和皮肤自身的保护膜——皮脂同属一类。保湿效果和皮肤适应性非常好，由于有使肌肤柔软的作用，因此也是备受关注的美容油。

油脂举例	
澳洲坚果籽油	刺阿干树仁油
橄榄油	马脂（马油）
氢化米糠油	山茶油
椰子油	红花籽油
葵花籽油	芝麻籽油

“100% 原液”是夸大宣传！要当心原液营销套路

原液 = 用溶剂将有效成分溶解后的东西

看到瓶子上写着“某某原液”的化妆品，就认为它“没有多余的添加物，100%都是有效成分”的想法是错误的。化妆品的有效成分基本是粉末状的，原液里比较多见的胎盘素、透明质酸、维生素C、胶原蛋白、神经酰胺等原料也都是粉末。将粉末用水或者其他溶剂溶解，再加入防腐剂等成分制成的就是原液。

非常非常稀的原液也会在市面上流通

由于原液并没有明确的定义，因此有效成分近乎零的都可以叫作原液。市面上的原液的有效成分浓度普遍连1%都不到，甚至比普通化妆品的还要低（倒不是说浓度越高越好）。还有，虽然叫“100%原液”，但其实产品中都含有溶剂（丁二醇、乙醇等）和防腐剂。

原液的构成

所谓的“原液”，就是将粉末状的有效成分用水或者其他溶剂（丁二醇、乙醇等）进行溶解稀释，再根据需要加入防腐剂后得到的东西。100% 原液≠成分 100%。

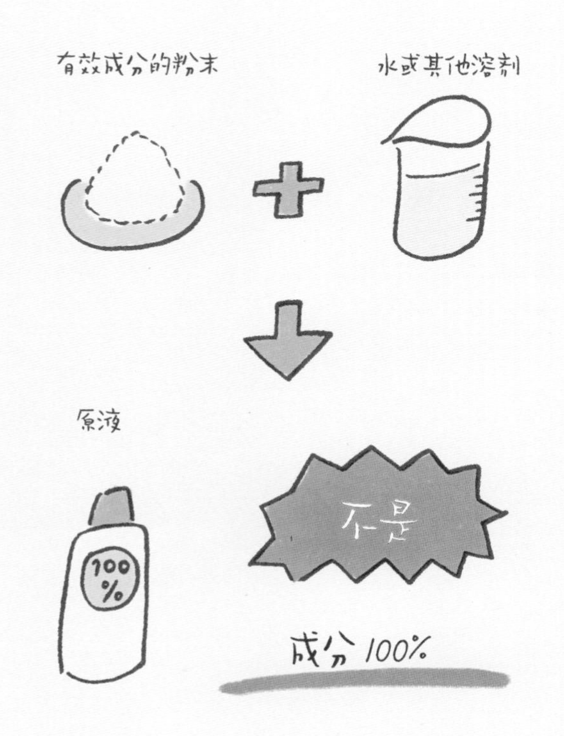

大肆宣传“100% 原液”是营销套路。

一之介语录

『什么都不做的护肤』，值得挑战吗？

特　征

- 听说“肌肤绝食”有效果，马上就把所有护理都停了
- 之前还是脚踏实地的护理派
- 对清水洗头法也很有兴趣

数　据

各种方法都试过

皮肤美白度★☆☆
皮肤滋润度★☆☆
饮食放纵度★★★

1. 肌肤绝食是日本护肤专家提出的护肤方法，即不涂抹任何化妆品和养护产品，让肌肤自然而然地回归本来的状态。也称肌肤断食、肌断食。——译者

正确的保湿不会有坏处，真的没有必要让肌肤绝食到忍受“干燥风暴”

对于熟女来说，肌肤绝食不现实，完全可以对肌肤进行“辅佐式”保湿

“不洁面并且不用基础化妆品”的所谓肌肤绝食，从理论上来说其实并没有错。肌肤本身就会分泌水分和油分，先洗掉这些再用护肤品来补充本来就挺奇怪的。虽说如此，但是妆总是要化的，防晒霜、防晒粉之类的还是要涂的，那么要不卸妆不洗脸就很难了，所以有必要最小限度地用优质保湿剂来帮助角质层发挥作用。

突然“绝食”，肌肤是无法适应的！与之前的落差太大，会导致严重的皮肤粗糙

比如每天一个劲儿洗脸的人，肌肤为了补充流失的油脂，会分泌较多的皮脂。肌肤养成的这种习惯，是不会马上跟着护理方法的变化而改变的（肌肤有恒定性）。突然停止洗脸，皮脂分泌并不会马上减少，皮肤就容易长痘痘。一直完整地做保湿护理的人，突然停掉保湿，皮肤就会变得干燥（可以用凡士林抵御干燥，但凡士林是比较硬的油，有堵塞毛孔的风险）。肌肤的自净能力和保湿能力都需要慢慢地恢复。

从来不做护理皮肤就很好的人，你短期内是模仿不来的。

一之介语录

18

与美容液相比，真正值得投资的是卸妆产品

特　征

- 在美容液上花的钱最多
- 房间里摆着一排不同效果的美容液
- 账户余额看都不敢看

数　据

认为美容液是“仙水”

皮肤美白度★☆☆
皮肤滋润度★★☆
抗衰老指数★★☆

很遗憾，真正有价值的美容液就那么一小撮，
与其费尽心思寻觅，不如把钱花在卸妆产品上！

市面上净是些和价格不符的毫无实力的“自诩美容液”

“美容液的效果毕竟不一样，稍微贵一点儿也情有可原啦！”会这么说的女士可不在少数。但“美容液”这个叫法，其实并没有明确的定义，跟产品的成分、配比什么的都没有关系，只要化妆品公司愿意，就可以管一瓶水叫美容液，不管别人有没有意见。

市面上和化妆水、乳液等基本没区别的“自诩美容液”多如牛毛。尽管如此，只要说是美容液，消费者就会乖乖买单，实在是一个好用的赚钱妙招。

使用优质的卸妆产品才是获得美肌的捷径

如果想要做美白或抗衰老的护理，使用含有相关成分的化妆水或乳霜就足够了。当然，的确有非常棒的美容液，但只有那么一小部分，要找到是很困难的。与其押宝在那么一丁点儿的可能性上，不如在必备的卸妆产品上花些心思。因为清洁无论如何都会刺激皮肤，再不讲究的话是无法达成美肌目标的。有买美容液的钱，不如投资到卸妆产品或洗面奶上吧。

“防晒美容液”之类的，真的是什么都编得出来。

一之介语录

一之介推荐的美容成分清单

	成分名	成分介绍
肌肤护理成分	雨生红球藻油	从海藻中提取的含虾青素的精华液，具有强烈抗氧化作用
	巴勒斯坦侧金盏花提取物	从植物中提取的含花青素的精华液，具有强烈的抗氧化作用
	水解胎盘提取物	从动物胎盘中提取的精华液，具有美白、抗氧化等功效；已注册成为美白有效成分
	人神经酰胺	与人肌肤中存在的神经酰胺具有完全相同的构造，增强皮肤屏障功能的效果最好（详情请参考后面的表格）
	甘草酸	用得最多的抗炎症成分
	澳洲坚果籽油	被称为最接近人体肌肤油脂的植物油，可起到令肌肤柔软的作用
	抗坏血酸四异棕榈酸酯	脂溶性维生素C衍生物。效果稳定，同时对皮肤的刺激小，是很好的敏感肌抗氧化成分
	抗坏血酸磷酯镁	磷酸酯型维生素C衍生物。是已注册的有效美白成分中，安全性与效果平衡得最好的维生素C衍生物
头发护理成分	羟高铁血红素	一种有助于氧气结合的蛋白质。能让氧化还原反应变得更安定，还能使残留药剂尽早失去活性
	角蛋白	和毛发成分完全相同的蛋白质。可利用其氧化后凝固的特性，使其在毛发损伤部位凝固，从而对损伤进行修复。水解角蛋白还可以渗透进毛发内部
	水解角蛋白	
	γ-二十二内酯	内酯衍生物，具有加热后与毛发结合的特性，是一种可以提高毛发耐热性、保护毛发的特殊成分
	白池花 δ-内酯	
	澳洲坚果籽油	有软化毛发的作用
	植物甾醇澳洲坚果油酸酯	从澳洲坚果油中提取制作的软膏，有软化毛发的作用
	季铵盐-33	毛发亲和型表面活性剂，以毛发的必需脂质“18MEA”为主体

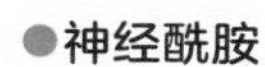

神经酰胺

成分名		成分介绍
人神经酰胺	神经酰胺1/神经酰胺EOS	存在于人的皮肤上，是一种具有屏障保护机能的物质，在外部环境干燥或是皮肤受到刺激时发挥保护皮肤的机能。有数据显示，敏感性肌肤、衰老型肌肤中神经酰胺不足，可以通过外部补充神经酰胺修复皮肤屏障功能
	神经酰胺2/神经酰胺NS	
	神经酰胺3/神经酰胺NP	
	神经酰胺6 Ⅱ/神经酰胺AP	
	神经酰胺9/神经酰胺EOP	
	神经酰胺10/神经酰胺NDS	
合成神经酰胺类似物	十六烷氧基-PG羟乙基十六酰胺	具有与人类肌肤角质层的神经酰胺类似功能的成分，可以通过外部补充来提高肌肤的屏障保护机能
	鲸蜡基-PG羟乙基棕榈酰胺	
	植物甾醇/辛基十二醇月桂酰谷氨酸酯	长久以来广泛用于各厂商的产品中，安全性与实用性也得到了认可
植物神经酰胺	稻糠糖鞘脂类	神经酰胺类似物，包括从稻米中提取的糖神经酰胺（葡萄糖神经酰胺）等。糖神经酰胺是神经酰胺的前体，其作用类似于神经酰胺
动物神经酰胺	马鞘脂类	包括可从马油中少量提取到的糖神经酰胺（半乳糖神经酰胺K），是神经酰胺类似物
	脑苷脂类	

一之介不推荐的美容成分清单

成分名	成分介绍
火山灰	有吸附污垢作用。但是这些晶体形状非常尖锐，一旦进入眼睛，就可能对视网膜造成损伤
蛋白酶	促进蛋白质分解的酶，酵素洗面奶中会添加的成分。会加快角质分解，对皮肤的刺激很大。如果进入眼睛，有引起过敏的风险
木瓜蛋白酶	从木瓜中提取的蛋白酶，是酵素洗面奶中经常添加的成分
北美金缕梅水	从北美金缕梅中提取的混合物，通过刺激蛋白质生成实现紧致皮肤的作用。对敏感性肌肤刺激性较强，请注意
北美金缕梅提取物	
鞣酸	有刺激蛋白质生成的作用，作为皮肤的紧致成分使用。对敏感性肌肤刺激性强，请注意。还可收敛汗腺，达到止汗、除臭功效
氢醌	美容皮肤科等机构使用的强效美白成分，但是有很强的副作用。如果经常用，有可能引起白斑
视黄醇棕榈酸酯	视黄醇（维生素A）的衍生物，一直被认为具有促进皮肤新陈代谢的功效。但问题是刺激皮肤的相关报道层出不穷
视黄醇乙酸酯	
硬脂基三甲基氯化铵	属于阳离子型表面活性剂中刺激性较强的成分——季铵阳离子型表面活性剂。浓度高的话对皮肤的刺激性较强。护肤品中基本不添加该类成分
大豆油基三甲基氯化铵	

续表

成分名	成分介绍
月桂酸钠	最早在生活中应用的一种表面活性剂。因为刺激较大，很容易残留，现在日本的厂商几乎已停用
羟基乙酸	α-羟基酸的一种，用作化学去角质剂。去角质效果一般，对皮肤的刺激性却令人担忧
水杨酸	β-羟基酸的一种，是一种强效的化学去角质剂。因刺激性较强，除了作为防腐剂以外，在化妆品中应尽量规避使用
尿素	利用蛋白质变性作用达到软化皮肤的效果。在护手霜中添加使用时仅起软化皮肤的作用，使用频率太高的话有可能会引起皮肤屏障机能变弱，需要注意
碳酸钠	溶解在水里可以产生二氧化碳，因此被广泛用于制作假碳酸。但是其具有弱碱性，和弱酸性的碳酸完全是两种物质
乙二醇	自古以来就作为化妆品中的保湿剂在使用，但被人体吸收后会代谢生成具有毒副作用的草酸，因此现在的化妆品中基本上已不再使用
炔雌醇	具有类似雌激素作用的物质。其类雌激素的效用非常显著，经皮肤吸收极少的量也有可能影响体内激素的正常分泌

19

过于便宜的化妆品，往往有可怕的内情

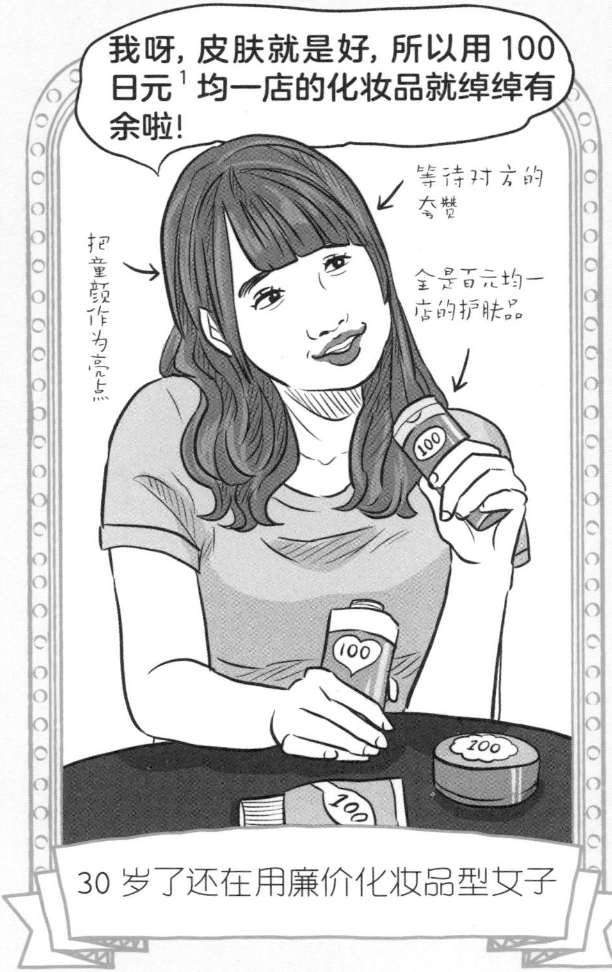

我呀，皮肤就是好，所以用 100 日元[1] 均一店的化妆品就绰绰有余啦！

等待对方的夸赞

把童颜作为亮点

全是百元均一店的护肤品

100

30 岁了还在用廉价化妆品型女子

特 征

- 护肤品全部来自百元均一店
- 对自己皮肤的坚韧程度无比自信
- 不管什么化妆水，足量用就对了

数 据

能买到便宜货就高兴

皮肤美白度★☆☆

皮肤滋润度★☆☆

为兴趣投资热情度★★★

1. 100 日元约折合人民币 6.5 元。

1000 日元以下的基础化妆品，根本不可能好用！是成熟女性就应该放弃

原料也是有等级的，等级低的原料里会有杂质

1000日元（约合人民币65元）以下的化妆品是很容易做出来的。化妆品原料也是有等级的，比如同样是透明质酸，用最低级别的原料就可以做出低价的化妆品。

但是低品质的原料纯度也很低，往往含有刺激肌肤的杂质。百元店的指甲油检测出甲醛超标的事就是一个例子。

基础化妆品的正常价格应该在 1000 ~ 5000 日元之间

想要肌肤美丽，就避开 500 日元以下的基础化妆品吧，不能说这些产品肯定有害，但是效果真的不值得期待。也不是说越贵就越好，比如 500 日元的化妆水和 5000 日元的化妆水相比，肯定是后者的品质要高得多，但是基础化妆品的价格一旦超过 5000 日元，品质上一般不会有什么差异。基础化妆品的正常价格应该在 1000 ~ 5000 日元之间。

过于廉价的化妆品，到底是用什么做的呢？

一之介语录

化妆品的价格和效果成正比吗?

低品质的原料存在风险

化妆品的原料是有品质等级的，使用低品质的原料可以生产出便宜的商品，但是其中含有的杂质可能会刺激皮肤和损害健康，已经有过这样的例子。即便是受追捧的成分，等级低的品质也会变差。

化妆品价格有差异的原因

化妆品的价格和品质，在5000日元这个价位以下都还是成正比的，再往上的区间，品质层面其实差别不大。即便多花钱，品质提升的空间也很有限，基本不会有什么变化。超过5000日元的部分，基本就是包装、品牌价值、广告费之类的因素造成的差别了。

基础化妆品价格和品质的关联性

5000日元以下的化妆品，基本上是一分钱一分货。超过5000日元的化妆品，价格再高，品质等级也上不去了。500日元和5000日元的产品确实差别很大，但是5000日元和20000日元的产品，差别就没有想象中那么大了。

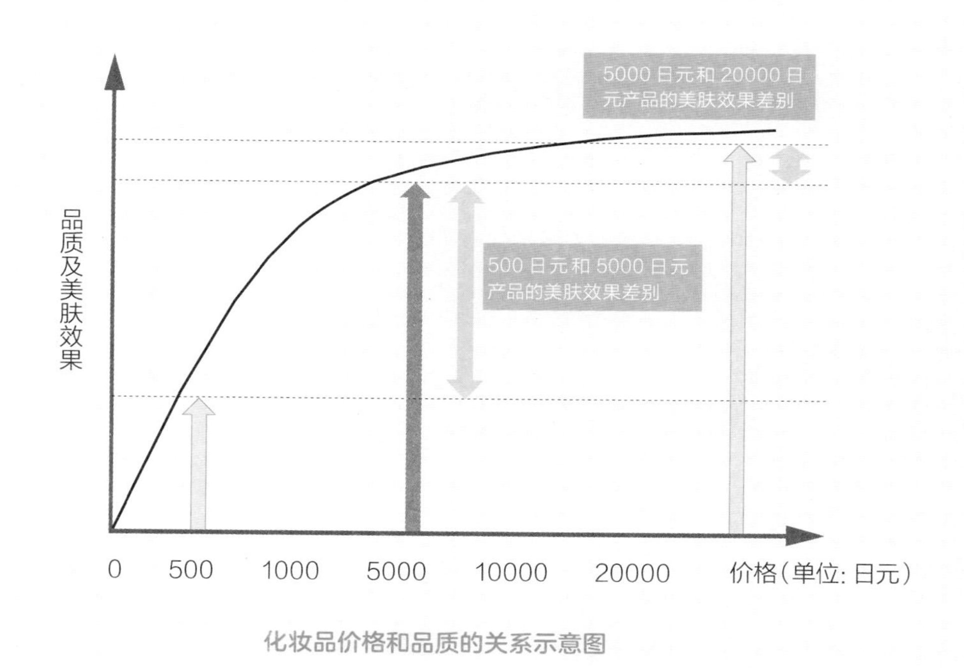

化妆品价格和品质的关系示意图

几万日元的化妆品，不客气地说——简直就是欺诈。

一之介语录

杀菌剂会让你在痘痘肌的泥潭中越陷越深

滥用杀菌剂祛痘型女子

特征

- 最大的烦恼就是成年人还在长“青春痘”
- 护肤的任务就是在杀菌上下功夫
- 有爱用的洁面刷

数据

一切以赶跑面部细菌为目的

皮肤美白度☆☆☆

皮肤滋润度☆☆☆

遮瑕霜需求度★★★

杀菌剂反而会让痘痘长得更多，
甚至会导致重症痘痘多年阴魂不散，不可以使用！

把痤疮杆菌杀死，
外部的杂菌可就要来大闹一场了

杀菌剂标榜可以消灭被认为是痘痘形成罪魁祸首的“痤疮杆菌”。讽刺的是，乱用杀菌剂往往会起到相反的作用。人类的皮肤上存在“皮肤常住菌群”，它们能帮助我们抵御外部杂菌入侵肌肤。痤疮杆菌就是皮肤常住菌的一种，本身其实是有益菌。杀菌剂在杀死痤疮杆菌的同时，也会杀死其他常住菌。换言之，杀菌剂的确可以杀死痤疮杆菌，但是外部的细菌在失去保护的肌肤上大量繁殖，往往会导致痘痘不减反增。

持续使用杀菌剂将使肌肤越来越脆弱，
最糟糕的是会导致肌肤形成依赖，不得不每天都用

杀菌剂产品中最可怕的是洗面奶和化妆水这类要涂在整个面部的产品。持续使用的话会导致面部肌肤常住菌群减少，肌肤功能紊乱，一点小小的刺激就会导致皮肤变得粗糙。另一方面，杂菌会慢慢产生抗药性，不使用更强力的杀菌剂就无法将其杀死。到时候再试图回到普通护理，皮肤就会因为杂菌大量繁殖而快速变差。甚至有人停用杀菌剂后，连正常皮肤状态都维系不了，肤质变得惨不忍睹。

使用杀菌剂，就是深陷痘痘泥沼的开始。

一之介语录

痘痘形成的原因是什么?

痘痘形成的原理是什么?

痤疮杆菌原本是对皮肤非常重要的一种常住菌。但是毛孔被皮脂堵塞后，就会把痤疮杆菌关在毛孔里面。痤疮杆菌非常喜欢皮脂，于是在毛孔中大量繁殖，有时就会引起炎症。这种发炎的状态就会表现为长痘痘。

皮脂过剩导致毛孔堵塞才是痘痘形成的根本原因

在正常情况下，痤疮杆菌除了帮我们分解皮脂，还能使皮肤保持弱酸性，从而防止杂菌的繁殖（杂菌在弱酸性环境中无法生存）。请一定弄清楚一件事：痘痘形成的根本原因并不是痤疮杆菌，而是过剩的皮脂导致的毛孔堵塞。

另外，有些人的脸上还会长一种红色的，伴随疼痛、化脓等症状的面疔，它是由金黄色葡萄球菌引起的皮肤疾病，不是痘痘，这种情况下，使用杀菌剂或者服用抗生素类药物都是有效的。

痘痘形成的过程

我们来看一下皮肤从正常状态到开始长痘痘，最终出现痘疤的过程吧。

正常的皮肤，毛孔的出口保持打开的状态。

没有及时清理污垢或是过度清洁引起的刺激，导致毛孔角质层变厚从而堵塞毛孔。另外，激素变化导致皮脂分泌过度也会堵塞毛孔。

毛孔被堵塞后皮脂开始积压，痤疮杆菌就会增多。若皮脂发生氧化，就会形成黑头粉刺。

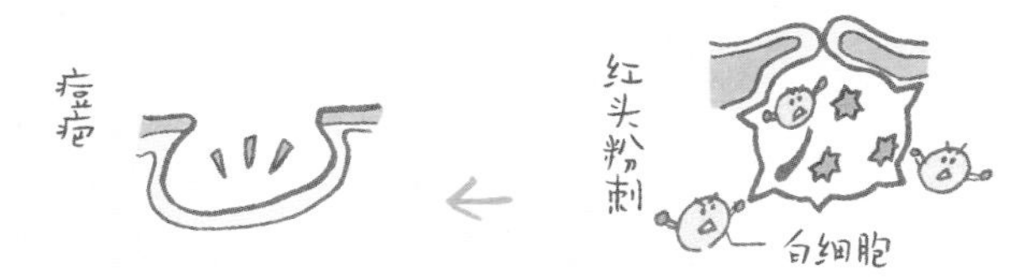

毛孔内发炎，毛孔周围红肿。白细胞在毛孔里面及周围聚集，向痤疮杆菌发动攻击。如果状况进一步恶化，粉刺会开始化脓，形成黄头粉刺（脓疱）。

炎症持续下去的话，毛孔壁就会被破坏，毛孔开始扩大。若炎症太过严重，毛孔处就会发生凹陷，形成痘疤。

用药膏祛痘，涂过的地方痘痘会复发！

特征

- 一长痘痘就马上用祛痘药膏
- 包里必定常备祛痘药膏
- 巧克力是天敌

数据

一年四季都是痘痘肌

皮肤美白度★☆☆
皮肤滋润度☆☆☆
药膏依赖度★★★

要改变“先用了祛痘药膏再说”这种想法！
涂了药膏的地方，反而有可能陷入消痘长痘的死循环

应付一时的护理会导致痘痘反复长

长了痘痘，不管三七二十一就涂药膏，不管是用市售的药膏还是医院皮肤科开的处方药，我都要大喊一声“请等一下！”长痘痘的原因如果是像“生理期前”“吃了油腻的食物”这类比较明确的情况，那么临时涂一下药膏也是可以的。但是如果原因不明确，依赖药膏就是不对的。这样的确有可能治好当下长的痘痘，但这种方法只能治标。根本原因没有得到解决，痘痘就有可能反复长。

如果长期使用祛痘药膏，会因为杀菌、角质剥离作用致使肌肤变得脆弱，打破肌肤自身的平衡

大多数祛痘药膏是靠杀菌和剥离角质来改善痘痘的。痘痘形成后，其周边的角质就会变厚，剥离角质可以促进毛孔中痘痘的排出。但是，靠着药物的力量强行剥离角质，对于皮肤来说刺激很大。如果长期这样操作，不但皮肤会变硬，而且经常涂抹药膏的部位皮肤的平衡状态会被打破，变得越发容易长痘和粗糙。

祛痘药膏有的时候也会诱发痘痘。

一之介语录

不同情况下
痘痘的正确治疗方法

脸颊和下巴部位长痘的原因

痘痘形成的原因是皮脂过剩。生理期前受激素水平变化的影响，皮脂容易增多，因此生理期长痘痘是没办法的事情。除此以外，造成成年女性皮脂过多的原因无非就是以下几个：

①吃了过多的高脂肪食物。

②睡眠不足或压力大等因素导致雄性激素分泌增多。

③习惯使用油分过多的护肤品。

长了痘痘以后的护肤方法

虽说诱发痘痘的主要原因是皮脂过剩，但是也不应该让肌肤太干燥。肌肤过于干燥的话就会分泌更多的皮脂来补充所需，反而会诱发痘痘。进行正确的保湿才是上策。

油仅仅是保护剂，起到保湿作用的不是油，而是水分。皮肤太油会引发痘痘，所以无油保湿剂（化妆水、啫喱等）是最适合痘痘肌的。另外，痘痘也是毛孔处在发炎状态的标志，所以推荐使用含有消炎成分的产品。

不同症状痘痘的治疗方法

痘痘大致可以分为三种，每种的症状和治疗方法都不一样，要根据痘痘的种类调整护理方法。

1. 成人痘

引发成人痘的主要原因是饮食不健康、睡眠不足、压力大。比如，摄入油炸食品或零食等含大量不易分解脂肪的食物，就很容易长痘痘。生活习惯不好也会导致皮脂量增加，所以比起护肤，应该先改善生活习惯！

2. 青春痘

处于青春期时，人体激素水平变化会使得皮脂分泌量增加，从而引发痘痘，这类痘痘俗称“青春痘”。因为是暂时性的，所以即便什么都不做也会自然恢复，没有必要去医院。长期采取杀菌治疗或进行强力清洁，多数情况下反而会带来副作用，使青春痘变成慢性痘痘。同样地，生理期的痘痘也是由激素水平变化引发的，无须在意。

3. 慢性痘痘

长了青春痘之后，不停地使用长效杀菌、强力清洁或促进新陈代谢的药物，会导致肌肤的正常菌群和皮肤代谢出现异常，从而使青春痘转为慢性痘痘。改变杀菌或过度清洁的护理方法可以从根本上解决问题，但是要较长时间后才能看到效果，刚开始即使有一点儿暂时性的恶化，也要有坚持下去的毅力。

22

不应该将皮肤科开的保湿剂当化妆品来使用

特征

- 平时用医药品护肤
- 追求“绝对的效果”
- 一旦有什么问题就立马冲去医院

数据

依赖医药品

皮肤美白度★★☆

皮肤滋润度★☆☆

医药品信任度★★★

是医药品就会有副作用，将其当作化妆品来用会有无法预计的麻烦

日常如果以美容为目的使用医药品，副作用如何谁也不清楚

皮肤科开的处方药膏，与化妆品或者医药部外品[1]相比，效果有着压倒性的优势。因此，经常有人想将其当成日常护肤品来使用。

但是医药品并没有预设以美容为目的持续使用这种情况，关于药品副作用的数据，只是其作为药品短期使用时的数据。即使是副作用很小的医药品，如果当成化妆品每天使用的话，也有可能招致意想不到的恶果。

长期使用的话，医药品特有的缺点也会显露

据说某种用来治疗干燥性皮肤疾病的保湿剂处方药，效果似乎非常出众，因此受到很多女性的关注。

但是所谓的医药品，都是以患者短期使用为前提开发出来的。皮肤敏感的人如果每天使用，其中微量的刺激成分会对皮肤造成影响。还有，因为不追求使用感，有的药品油分含量高，不注意的话会诱发痘痘。把使用医药品当个性，说不准哪天哭都来不及，请一定铭记于心。

1. 医药部外品：含有日本厚生劳动省认可的有效成分，虽然没有达到医药品的程度，但是比一般化妆品更具备预防等功效。

23

面膜的刺激大于效果！

特征

- 早晚洗脸后坚持敷面膜
- 会尝试含有蜗牛原液、胎盘提取物等奇奇怪怪成分的面膜
- 喜欢使用卡通形象的面膜并会拍照晒到网上

数据

面膜会敷得比规定时间长一些

皮肤美白度★★☆

皮肤滋润度★☆☆

面膜需求度★★★

面膜的刺激比效果更大！
敏感肌敷一次就有可能使皮肤变得粗糙

面膜的美容成分含量是极少的，敷的过程中有害成分的作用反而可能占上风

敷上能让自己感觉更有女人味的纸膜和涂抹式面膜时，是不是会觉得“美肤成分肯定在不断地渗入肌肤”？非常遗憾，这种想法是错误的。

化妆品说白了就是水和化学物质的混合物。纸膜中液体的主要成分绝大部分是水，有利于肌肤的成分只有那么一丁点儿。那贴到脸上放置一段时间呢？最终很有可能是有害成分造成的刺激更大。

面膜的水润效果只限于一时，过多的水分反而会使皮肤水肿

用面膜后肌肤看起来滋润的效果，只限当时那一小会儿。不仅如此，肌肤的保护膜——角质层，如果吸收过多水分就会变得脆弱。频繁使用面膜来保湿，肌肤就会像长时间浸泡在水里一样变得水肿起来，角质层的保护作用也会随之减弱。有清洁和美白之类功能的面膜，如果要用，频率应该控制在一周一次以内。但如果是敏感肌或特应性皮炎患者，只用一次也有可能使皮肤变得粗糙，一定要小心。

敷面膜不会让皮肤的保湿力变好，只会让你的心情变好。

一之介语录

越做去黑头护理越容易有「草莓鼻」

特 征

- 20 岁以后就特别在意“草莓鼻”
- 用市售的鼻贴进行护理
- 喜欢撕下鼻贴后那种一网打尽的快感

数 据

用手指也要把黑头挤出来

皮肤美白度☆☆☆
皮肤滋润度☆☆☆
“草莓鼻”程度★★★

毛孔的角栓越是拼命去除越会变得明显！
这样做还可能诱发痘痘，简直是雪上加霜

太过用力的护理，才是巨大角栓诞生的原因

被鼻翼的毛孔角栓或黑头困扰的女士，往往喜欢用能彻底清洁毛孔内脏东西的洗面奶或面膜。然而，这正是恶性循环的开始。

不管多好的皮肤都会有角栓，只是明显与否的问题。“草莓鼻”的本质是，过于巨大的角栓从随之扩大的毛孔中冒出来，看上去特别刺眼。其产生的根本原因是过于强力的清洁和刺激性强的护肤方法。可以说，正是用强力的去角栓鼻贴等清洁方式造成了角栓增多。

把角栓从毛孔中连根拔起，杂菌就会乘机侵入毛孔

角栓原本可以起到防止杂菌等侵入毛孔的保护作用。把角栓连根拔起，杂菌就有机会在毛孔中大量繁殖，容易引起炎症从而诱发痘痘。角栓本来就不是可以彻底去除的东西。问题的关键在于过大的角栓从毛孔中冒出来显得比较刺眼，所以没有必要连根拔除，只要将冒出来的部分清理干净就可以了。

越除角栓，角栓和痘痘就越多。

一之介语录

角栓形成的原因
竟然是肌肤受到了刺激

角栓形成的步骤

肌肤受刺激后毛孔就会发炎。为了修复毛孔，毛孔周边就会积蓄角质并发生硬化。毛孔中的皮脂被硬化的角质堵在里面出不来，和角质混在一起就慢慢变成了角栓。于是毛孔随之变大，最终可以看见大大的角栓从毛孔中冒出来。

角栓为什么会变黑呢?

角栓其实就是皮脂和角质的混合物，而角质里面通常含有黑色素。角栓里的黑色素会让毛孔发黑，皮脂在肌肤表面发生氧化也会变黑，形成黑头。

角栓形成的原理

通常情况下，毛孔中新的皮脂分泌出来后，之前的就会被推到毛孔外面。但是强力的护肤会造成肌肤损伤，从而使得角质变厚，里面的皮脂也排不出来，皮脂和角质混合在一起就变成了角栓。角栓越来越大，毛孔也会随之扩大，最后就可以看见角栓从毛孔里面冒出来。

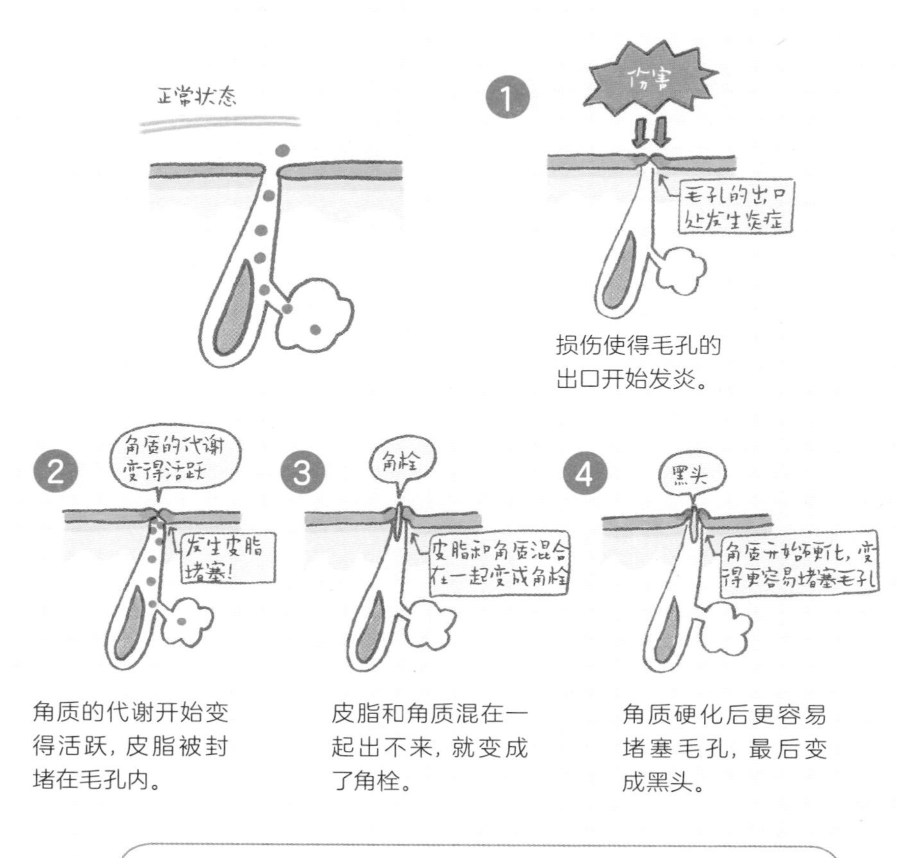

损伤使得毛孔的出口开始发炎。

角质的代谢开始变得活跃，皮脂被封堵在毛孔内。

皮脂和角质混在一起出不来，就变成了角栓。

角质硬化后更容易堵塞毛孔，最后变成黑头。

鼻翼发红就是毛孔发炎的标志！要赶紧改变护肤方法。

一之介语录

对付“草莓鼻”的私藏秘诀

禁止一切针对毛孔的护理

角栓变大的根本原因是皮肤受到刺激。去角质、收缩毛孔类的洗面奶和其他清洁产品（角栓贴、含磨砂颗粒的洗面奶或酵素洗面奶等），以及含有强力美白成分（维生素C等）的护肤品都要禁用。用洁面刷或指甲去除角栓简直是大错特错。洗脸前用热毛巾敷鼻子，虽然没什么坏处但也没有意义，进行正确的清洁和保湿就可以了。

油脂类卸妆品才是角栓的救星

角栓的形成是皮肤表面堆积了过多的角质并发生硬化的结果，所以建议用油脂类的卸妆产品针对角栓进行护理。油脂具有软化角质的效果，有助于排出堵在毛孔内的角栓。代谢快一点儿的人，皮肤的代谢周期差不多是一个月，症状较轻的话，一个月左右就可以得到改善。但是扩大的毛孔要收缩回去是很花时间的，情况比较严重的人，甚至需要一年左右的时间。

如何使用油脂做去角栓护理

下面介绍一下对付角栓比较明显的“草莓鼻”的方法。

用到的东西

油脂类的卸妆产品

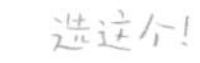

①使用成分表上主要成分是油脂（夏威夷果油、鳄梨油、摩洛哥坚果油、米糠油、橄榄油、葵花调和油等）的产品。要规避含有矿物油的产品，即便是只含少量的也要避开。

②使用有刺激性的产品会有反效果，所以要选择质量好的产品。预算比较有限的话，将上述产品用载体油稀释后使用也可以，就是效果会打点儿折扣。

方法

取一些油脂类的卸妆品轻轻点在角栓比较明显的皮肤上，过 5 分钟后洗掉就可以了，不需要做涂抹的动作。

使用频率

最初的2周到1个月，坚持每天都这样做。之后继续使用油脂类卸妆产品正常卸妆，并按一周1~2次的频率用5分钟放置法去角栓。

过度的抗老化护理会让你年纪轻轻皮肤就像老阿姨！

特 征

- 从 40 岁开始，化妆品都选抗老化系列的
- 想停留在现在的年龄（能年轻一点儿更好）
- 买衣服的时候会去找 109[1] 的店员商量

数 据

年龄啊，给我停止吧！

皮肤美白度★★☆

皮肤滋润度★☆☆

装嫩度★★★

1. 日本随处可见的服装商城，在大厦顶部有“109”的巨大广告牌，全称是 SHIBUYA109，起源于东京涉谷。——译者

不经思考地抗老化，以后可要吃苦头！不必要的细胞分裂可能导致老得更快

多数抗老化只是细胞分裂的“提前预支”

“永葆青春”也许是女性的终极梦想。但是过度抗老化，反而可能加速衰老。我们的肌肤细胞一直在不停地进行细胞分裂，但一般认为人的一生中细胞分裂的次数是有限的。促进新陈代谢的化妆品，以及激活肌肤细胞活性的美容医疗等，都只是预支了未来细胞分裂的次数而已。使用太过频繁的话，会使得细胞分裂的次数提前到达极限，从另一个角度考虑，其实是加速了老化。

刺激性太强的抗老化护理会损伤肌肤的胶原蛋白和弹性蛋白

肌肤细胞在不断地进行分裂，受到刺激、伤害时，分裂速度就会加快。这个时候，细胞分裂就容易发生错误，错误积累到一定程度就会产生残次的胶原蛋白和弹性蛋白。而胶原蛋白和弹性蛋白都是维持肌肤弹性的重要物质，这种损害最终会导致皱纹的形成和皮肤松弛。刺激会加速老化，而抗老化的化妆品往往都有很强的刺激性，不注意的话很有可能适得其反。

细胞分裂被透支殆尽后，结果会怎么样呢……

一之介语录

皱纹和皮肤松弛的原因是什么呢

原因一：年龄增长导致细胞分裂变慢

肌肤的弹性是由胶原蛋白、弹性蛋白等蛋白质来维持的。但随着年龄的增长，细胞分裂的速度会放慢，胶原蛋白和弹性蛋白生成量就渐渐变少了。细胞分裂的次数到达极限后，甚至有可能完全不能产生胶原蛋白和弹性蛋白。

原因二：由刺激导致的细胞分裂错误

肌肤一旦受到刺激，细胞就会受损，为了修复损伤，细胞会以极快的速度分裂。这个时候，细胞分裂就容易发生错误，生成残次的胶原蛋白和弹性蛋白，从而导致皱纹和松弛。最大的刺激来自紫外线照射，但是化妆品和皮肤摩擦造成的刺激也不容小觑。大多数抗老化产品有很强的刺激性，一定要注意。另外不要忘了，每一次皮肤受损都会消耗有限的细胞分裂次数。

皱纹和肌肤松弛的原理

使肌肤保持弹性的是位于基底层的胶原蛋白和弹性蛋白。随着年龄的增长，细胞分裂速度变慢，制造胶原蛋白和弹性蛋白的细胞就会减少。另外，紫外线、活性氧以及其他刺激导致细胞受损时，肌肤为了尽快修复损伤，会加快细胞分裂，这个过程中就容易发生错误，从而产生残次的胶原蛋白和弹性蛋白。

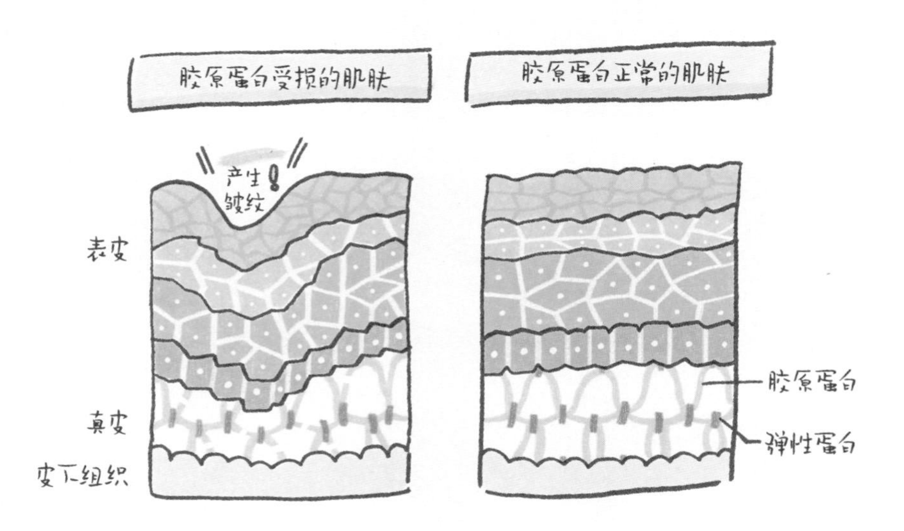

皱纹和皮肤松弛真的可以靠化妆品来改善吗？

特　征

- 每次照镜子，都要用手撑开眼角的细纹
- 仓皇地开始购买眼霜
- 很在意笑纹，经常表情僵硬

数　据

兴趣就是用手撑开皱纹

皮肤美白度★★☆
皮肤滋润度★☆☆
黑眼圈程度★★★

年龄增长造成的皱纹、皮肤松弛没办法改善……但是预防还是有可能

胶原蛋白和弹性蛋白都在肌肤深层，没法从外界补充

衰老导致的皱纹、皮肤松弛，是肌肤的胶原蛋白、弹性蛋白等不足和损坏造成的。这些都是位于肌肤深层的真皮中的物质，但是化妆品只能渗透到肌肤表面的角质层，再加上胶原蛋白、弹性蛋白等分子本身就很大，根本不可能到达真皮。最近发售的日本首例改善皱纹的护肤品，因为采用的是全新的成分，所以暂时还无法评价。目前普遍的观点仍然认为，年龄增长造成的皱纹、皮肤松弛，用护肤品是无法改善的。

护肤品可以实现的是预防和改善干纹

正如前面所说，衰老造成的皱纹、皮肤松弛，用护肤品基本是无法改善的。因此，日常的预防就变得至关重要了，这是护肤品有可能办到的。一种方法是涂抹防晒霜，防止紫外线伤害能制造胶原蛋白、弹性蛋白的成纤维细胞。另一种方法是涂抹含抗氧化成分的护肤品，以抵御同样会给成纤维细胞造成伤害的活性氧。另外，干燥造成的皱纹，使用含神经酰胺的产品进行保湿就有机会改善。

最强的抗老化护肤品其实是防晒霜。

一之介语录

关于抗老化，我们能做什么

把皱纹、皮肤松弛隐藏起来的技巧

想要遮盖皱纹、松弛，要选用含有二氧化硅粉末、吸水性聚合物的基础化妆品和彩妆产品。二氧化硅粉末可以填平皱纹，吸水性聚合物可以使皮肤显得有弹性，这两种都是安全的成分（透明质酸也是吸水性聚合物的一种）。号称能去除眼角小细纹的眼霜等护肤品，大多是起这种遮盖的效果。

活性氧和抗氧化成分是什么？

活性氧是一种具有强氧化性的氧元素形态，在体内可以对付细菌和病毒，但如果数量过剩的话，其强氧化力反而会伤害细胞。除了在体内生成以外，活性氧也会在紫外线等因素的影响下在空气中生成。

化妆品可以办到的，就是利用其抗氧化成分抑制肌肤表面的氧化[1]。推荐的抗氧化成分有虾青素、维生素 C 衍生物等。

1. 氧化：物质和氧结合的化学反应。发生氧化后，物质往往会变质。金属生锈也是一种氧化现象。

三大抗老化对策

以下三个抗老化对策推荐给大家，请将其融入护肤步骤中尝试一下吧。

对策1 防紫外线

最强的抗老化护肤品就是防晒霜，搭配遮阳伞、帽子一并使用效果更佳。

对策2 防活性氧

使用含有抗氧化成分的护肤品效果较好。另外，多摄入含有维生素、β-胡萝卜素、L-半胱氨酸等成分的食物也可以达到很好的效果。

对策3 预防、改善干纹

使用含有神经酰胺的化妆品可以改善干纹。

芳香物质在体内积聚，有引发过敏症状的风险

用香薰过度的“香污染”型女子

特 征

- 在家里会用精油香薰
- 泡澡时要加入香薰精油
- 出门必定要喷香水

数 据

离不开香水

皮肤美白度★★☆
皮肤滋润度★☆☆
衣物香氛喷雾喜爱度★★★

含有多种芳香物质的化妆品最好不要用，反复用同一种芳香物质也有可能引发过敏症状

味道好闻 = 身体正在吸入化学物质

化妆品、香氛用品，甚至日用品，只要是香味好闻的，都大受女性喜爱。但是，不管是天然的还是人工合成的芳香物质，都有引发过敏症状的风险，即使是不和皮肤直接接触的香薰精油产品也是一样的。

人能感觉到香味，是鼻腔内的嗅觉受体捕捉到挥发的化学物质的结果。换句话说，闻到香味意味着你的身体也正在吸入化学物质。并且，大多数芳香物质有容易在体内堆积的危害。

越是经常闻的味道，越容易引发过敏症状

大家听说过“有人某一天突然得了花粉症”之类的事情吗？这是因为其吸入的花粉量超出了身体能够承受的阈值（体内能够承受某种物质的最大剂量）。同样的事情，也会发生在致敏风险较高的芳香物质上。

换言之，一直持续地闻同样的香味，吸入的芳香成分超出阈值的可能性就比较高，就容易引发过敏症状。即使产品的香味是自己喜爱的，也不能单曲循环式地使用。

喜欢的香味变得接受不了的时候就要小心了。

一之介语录

芳香物质
引发过敏症状的原因

8% 左右的日本人对薰衣草过敏

根据某机构的调查结果，100 个日本人中大约有 8 个人对薰衣草过敏。

我推测可能是薰衣草的舒缓和安眠效果被大肆宣传，使其在日本大受欢迎，大家通过化妆品或香薰产品接触到它的机会特别多导致的。

用香薰时需特别注意

持续闻同一种香味，吸入的芳香物质超过身体能够承受的阈值就容易引发过敏。避开含有多种芳香物质的产品，也不要反复使用含有某种自己喜爱的芳香物质的产品。

可以说，使用由天然芳香物质构成的精油同样存在上述风险。香薰精油也是使用频率较高的产品，要特别注意其引发过敏的风险，降低使用浓度和频率。

芳香物质与过敏

即便不和肌肤直接接触，芳香物质也会通过鼻腔进入体内。一旦吸入量超出了身体能够承受的阈值，就有可能引发过敏症状。

各类精油（精华油）对皮肤的刺激性

有引发刺激性接触性皮炎风险的成分		
皮肤刺激	醛类	香茅醛、香叶醛、橙花醛、柠檬醛
	氧化物类	1,8- 桉叶油素
	酚类	百里香酚、香芹酚、丁香酚、黄樟素
	醚类	茴香醚
	单萜醇类	薄荷醇
光毒性[1]和皮肤刺激	内酯类	佛手内酯、香豆素、5- 甲氧基补骨脂素
	萜类	柠檬烯、蒎烯、萜烯

有引发过敏性接触性皮炎风险的精油和成分	
成分	柠檬烯、蒎烯、薄荷醇
精油	土木香、大蒜、丁香、闭鞘姜、肉桂、茶树、八角 、柠檬马鞭草、薰衣草、柠檬草、迷迭香

有光毒性风险的精油
欧白芷根、小茴香、西柚、杜松、苦橙叶、佛手柑、酸橙、柠檬

1. 光毒性：成分附着在皮肤上时，经由紫外线照射会引发炎症或灼伤等重大伤害。

28

美白对黑眼圈无效！改善的诀窍在于洗脸？

熊猫眼型女子

特征

- 一直有色素型黑眼圈
- 即使是夏天也手脚冰凉
- 总是工作到很晚，睡眠不足

数据

和黑眼圈是形影不离的好伙伴

皮肤美白度★★☆
皮肤滋润度★☆☆
黑眼圈顽固度★★★

改善色素型黑眼圈，要从改变洁面方法入手，
美白护理不光徒劳无功，还可能适得其反！

血液循环不畅导致的黑眼圈还是能够淡化的

有的女士没有睡眠不足的问题却一直有黑眼圈，为了消除黑眼圈想尽办法，但如果方法不得当，会适得其反。

黑眼圈也是分类型的，其中血管型黑眼圈就是由血液循环不畅导致的，只要改善血液循环就会有效果。可以试试用热毛巾之类的东西来敷一下眼部。另外，生育酚乙酸酯等成分具有促进血液循环的作用，因此含有这类成分的药妆，效果也值得期待。但是眼部皮肤比较薄的人和过敏性皮肤的人不可以使用这种产品。

针对色素沉淀造成的黑眼圈，
做美白护理只会刺激肌肤，导致情况恶化

另一种黑眼圈是色素型黑眼圈，其成因是色素沉淀。很多人在卸妆的时候会用力擦拭眼部，这会刺激肌肤，使得含有黑色素的角质开始堆积。有人会试图用美白护肤品来改善，但之前也说过了，美白护肤品只能起到预防的作用，而且维生素C等美白成分具有很强的刺激性，反而有可能让黑眼圈恶化。为了防止黑眼圈恶化，不要使用很难卸的眼部彩妆产品或使用时需要用力擦拭的卸妆产品。试着用清爽的化妆品遮盖一下吧。

消除色素型黑眼圈是持久战，防止恶化的同时不要太过在意才是上策。

一之介语录

粉底果然还是对皮肤不好？

特　征

- 面对粉饼、粉底液、粉底霜，不知道该选哪个
- 非常在意傍晚时的脱妆
- 难上妆时，不知不觉就涂厚了

数　据

在各种粉底之间徘徊

皮肤美白度★★☆

皮肤滋润度★★☆

选择妆前乳纠结度★★☆

没必要拒绝粉底或只用矿物质粉底，视野要放宽

粉底基本上对肌肤没有什么危害

有些人会在意粉底里面的化学物质，于是就尝试不用粉底或者使用矿物质粉底。但是，因为粉底要一直覆盖于皮肤上，原则上不会使用刺激肌肤的成分。其成分以不带合成表面活性剂、不易引起静电的非离子型成分为主，其实不需要担心。特别是粉饼类，它只覆盖于肌肤表面，连角质层都渗透不了，对肌肤的负担很小。

矿物质等天然成分不一定就很厉害

矿物质粉底给人“天然”的印象，因此获得了很高的人气。所谓的矿物质是指二氧化钛、氧化锌、氧化铁、云母等矿物。这些在普通的粉底中就经常用到。

另外，主打天然的品牌的粉底液，有时会含有植物油脂，油脂在阳光照射下会发生氧化，从而对肌肤造成刺激。所以不要被品牌或印象所迷惑，仔细查看成分才是上策！

矿物质也是化学物质，而且不是拿来就能用的，也要经过化学加工。

一之介语录

矿物质粉底和普通粉底的全方位比较

普通粉底里也含有矿物质

矿物质粉底的基础成分是二氧化钛、氧化锌、氧化铁、云母等粉末状的矿物成分。普通粉饼的基础成分是各种粉末，其中的二氧化硅、滑石粉也属于矿物。从基础成分来看，矿物质粉底并没有什么特别厉害的地方。

矿物质粉底很完美吗?

矿物质粉底所含的矿物虽然经过抗氧化处理，但是和汗液或维生素C等发生反应的话依然有氧化的可能。另外，它和普通粉底一样，基本是无油的，粉末的吸附力有限，往往不能服服帖帖地覆盖在皮肤上，容易浮粉、卡粉是其难以克服的缺点。矿物粉末如果没经过镀膜处理，其中的二氧化锌、氧化铁等和汗液混在一起就有可能引发金属过敏症状。

对于普通粉底经常会有的担心

因为粉底是要直接涂在皮肤上的，选择的时候是不是会对成分有些担心呢？那就请参考以下几点。

人工合成色素

含量高的肯定不行。但是日本的粉底产品中，含有人工合成色素的产品出乎意料地少，多数是以矿物（矿物质）为主要原料的。

合成聚合物

以保湿为目的配制而成的非常安全的成分。人气很高的透明质酸也是一种合成聚合物。纯粹的合成聚合物反而比透明质酸刺激性更弱。

合成表面活性剂

粉底主要使用不产生静电（会刺激皮肤）的非离子型表面活性剂来调配，所以在这一点上可以放心。

	优点	缺点
普通粉底	不会氧化，使用感好	硅油含量高的产品不容易清洗
矿物质粉底	用洗面奶就可以洗去，很多是不含油分的	易引发金属过敏症状，使用感欠佳

※ 液态的矿物质粉底因为需要将水分和油分乳化，所以和普通粉底一样，都含有合成表面活性剂。矿物质归根结底只是成分的一部分。

如何选择温和的粉底

对皮肤比较温和的是粉饼

粉底要直接涂在皮肤上，所以基本不含存在风险的成分，使用的合成表面活性剂基本也是非离子型的。与液态粉底相比，粉饼接触肌肤的面积更小，因此对皮肤比较温和，再配合刺激性弱的妆前乳，对肌肤的负担会进一步降低。

选择液态粉底时要关注的点

选择液态粉底时，要确认成分表前几位没有刺激性的成分。无酒精，并且含有丁二醇（BG）或甘油的产品比较温和。

基础油分如果是稳定性高且不会发生氧化的硅油或者酯化油（请参照p.75）就没问题。如果有微量的油脂也是可以的，但油脂浓度高的话容易发生氧化，这样的产品要避开。

选择液态粉底的要点

在选择液态粉底时，请注意以下几点。

基础油分

硅油或者酯化油就可以。动植物油脂会发生氧化，要避开。

- 链状硅油（聚二甲基硅氧烷等）是相对比较厚重的皮膜剂，浓度太高的话不容易洗掉，而且可能造成毛孔堵塞。基础油分如果是这个，成分表的第一位是水的话比较好。
- 环状硅油（环戊硅氧烷等）会蒸发，是较轻薄的皮膜剂，不太容易造成毛孔堵塞。叫“环……”的油分都属于这种类型。

※ 成分名末尾有“硅氧烷”的，可以确定是硅油！

应尽量避开的成分

精油、芳香剂、人工合成色素、紫外线吸收剂（主要是甲氧基肉桂酸乙基己酯，浓度不高的话没问题）。

需要注意的成分

以下成分排在成分表的5～6位时，就需要注意了：乙醇、双丙甘醇（DPG）、丙二醇（PG）、戊二醇、己二醇。

※ 成分表中无酒精（乙醇），并且丁二醇（BG）和甘油排在前面的产品较温和。

追求温和度的话，就采用低刺激的妆前乳 + 粉饼的组合吧。

一之介语录

防脱妆的妆前乳会让肌肤状态越来越差

特 征

- 会被号称“不脱妆”的产品吸引
- 包里总备着吸油纸
- 容易出汗，夏天特别容易脱妆

数 据

不想脱妆！

皮肤美白度★★☆
皮肤滋润度★☆☆
妆前乳使用度★★★

防脱妆妆前乳必须用强力卸妆产品才能洗掉！每天使用可能会让皮肤越来越差

封住皮脂的是具有强成膜性的氟系硅油树脂

“让肌肤持续保持刚刚化完妆的状态”“到傍晚也不会泛油光”——使用如此宣传的防脱妆妆前乳可不是什么长久之策。

防脱妆妆前乳大多会使用一种叫作氟改性有机硅的成分，这是一种利用氟加工而成的硅油树脂，包覆在粉体表面可使粉体具备抗水性、抗油性，从而阻止其溶解于汗水、皮脂等。因为是非常强力的成膜剂，所以容易造成毛孔堵塞，还可能引发痘痘。

防脱妆妆前乳用油脂型卸妆产品根本洗不掉，对皮肤负担很大

使用油脂型卸妆产品卸妆是最理想的，但是像氟系硅油树脂这样强力的成膜剂，不用矿物油或者酯化油根本洗不掉。矿物油等如果直接接触皮肤会吸收皮脂，从而导致皮肤干燥。如果每天都用矿物油来卸妆，肌肤的压力会越积越大。因此防脱妆的妆前乳，只在特别需要保持妆容的日子使用比较好。或者可以先上一层温和的妆前乳，再上防脱妆的妆前乳，这样卸妆的时候会容易些。

选择妆前乳的时候，把卸妆的难易度一并考虑进去的才是高手。

一之介语录

防脱妆妆前乳的缺点

防脱妆妆前乳的真面目是什么?

商家宣传妆前乳的时候，如果超出“持妆性好”的范畴，把“防脱妆”作为卖点的话，消费者就要当心了。实现这种“不脱妆魔法”的“秘密武器”，就是氟系硅油树脂。它虽然可以溶于硅油，但是不溶于其他油脂（皮脂等），是非常强力的粉体成膜剂。

即使本身对皮肤没有刺激，强力的清洁依然会成为皮肤的负担

这种硅油树脂的正式名称是氟改性有机硅，本身是没有刺激性的，但是它几乎不溶解于水或者油，因此必须用矿物油或者酯化油等强力卸妆产品才能洗掉。这些成分会给肌肤带来负担，残留的成分还有可能堵塞毛孔，引发痘痘。

需要注意的防脱妆成分

要提防可以彻底防脱妆的妆前乳产品。如果产品中含有氟改性有机硅，不用强力的卸妆产品根本洗不掉。

成分名举例

C4-14 全氟代烷基乙氧基聚二甲基硅氧烷，三氟丙基二甲基 / 三甲基硅氧基硅酸酯等，都属于氟改性有机硅。

※ 名称里面有含“氟”字的成分，属于此类型的可能性很大！

粉底与肌肤的接触

如下图所示，粉饼和粉底液与肌肤的接触程度是不一样的。

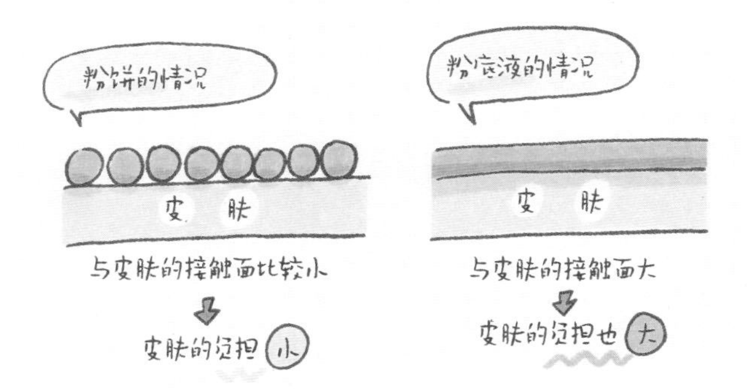

只在特别重要的日子使用防脱妆妆前乳才是明智的做法。

一之介语录

选择和使用
妆前乳、粉底液的窍门

轻松卸去防脱妆妆前乳的秘诀

越是不容易脱妆的妆前乳就越需要用强力的卸妆产品来去除，所以使用强力防脱的妆前乳原本是不推荐的。但是用以下方法就基本上没问题了：先涂比较容易脱妆的妆前乳（或者防晒霜），再涂抹防脱妆的妆前乳。这样比只用一种产品更不容易脱妆，又不会直接在皮肤上形成膜，所以相对比较容易洗去。

不那么容易脱妆，又可以用油脂类卸妆产品洗去的妆前乳

表面活性剂有清洁作用，其含量越少，产品就越不容易脱妆。乳液乳化过程中用的表面活性剂较少，与乳霜相比更不容易脱落，且可通过摇晃容器使双层结构的内容物混合。还有，二氧化钛、氧化锌等紫外线反射剂和滑石粉等粉末状成分会吸附皮脂，这类成分含量高的话也不容易脱妆。

如何让不易脱妆和容易卸妆两全其美

即使是直接涂抹会给皮肤造成很大负担的产品，只要方法得当，依然可以用得很好。

●叠加涂抹技巧

可以先涂一层容易脱妆的妆前乳或者防晒霜，再在上面涂上不容易脱妆的妆前乳。

※ 这个技巧同样适用于使用强力防脱妆粉底液或者防晒霜时。

●产品选择基准

虽然不能一概而论，但是以紫外线反射剂为基础成分的乳液（特别是防水型的）相对不容易脱落，而且大部分产品只需用油脂类卸妆产品就可轻易洗去。

※ 粉底液和防晒霜也是一样的。

妆前乳的构造和粉底液基本是一样的，可以参照选择粉底液的方法（p.126）选一款温和的产品。

把婴儿爽身粉当化妆粉使用会导致长痘痘！

婴儿可真幸福……被保护着，不用经历世间的艰辛。

嘴上说『剪坏了』，其实是要显摆自己稚嫩的齐刘海

对『瓷光肌』没有兴趣

拍

拍

目标是婴儿肌的婴儿爽身粉型女子

特　征

- 用婴儿爽身粉定妆
- 羡慕婴儿的皮肤
- 目标是“婴儿肌（童颜妆）”

数　据

憧憬亮滑的肌肤

皮肤美白度★★☆

皮肤滋润度★☆☆

腮红必需度★★★

对成熟女性来说婴儿爽身粉已经不适用了！可能会诱发痘痘，赶紧用回普通粉

婴儿爽身粉是靠氧化锌等抵御汗液和皮脂的

婴儿爽身粉是婴儿用品，对肌肤很温和，而且价格实惠，因为有涂上后可以防止皮肤油亮，让毛孔"瞬间变小"等意想不到的作用而备受关注。据说将其作为化妆粉使用的女性越来越多。

婴儿爽身粉用于预防婴儿出痱子，因而含有可以收缩毛孔、抵御汗液和皮脂的氧化锌。氧化锌虽然在化妆品中并不少见，但婴儿爽身粉中的氧化锌有点儿不一样。

没有经过镀膜处理的氧化锌容易造成毛孔堵塞

婴儿爽身粉中所含的氧化锌没有经过镀膜处理，会和肌肤发生反应，引发微小的炎症从而使得毛孔收缩（收敛作用）。为这种暂时性的效果而高兴不已的人不在少数，但是成年人皮脂分泌较多，使用婴儿爽身粉有可能导致毛孔堵塞从而诱发痘痘。使用对皮肤比较温和的化妆粉，如散粉或粉饼等都是没问题的，因为其中的结合剂[1]含量比较少，刺激性低，不需要为了追求温和而用婴儿爽身粉。

1. 结合剂：为了使粉末结块而使用的油分，量越少膜被越温和。散粉基本不含结合剂；粉饼多少会含有一些结合剂，但量也较少。

婴儿爽身粉并不适合成熟女性。

一之介语录

防晒霜的使用方法将改变你几十年后的肌肤状态

特 征

- 口头禅是“我绝对不要晒黑！”
- 一年四季都用 SPF、PA 指数最高的防晒霜
- 出乎意料的是不太在意身体被晒黑

数 据

很在意皮肤的美白度

皮肤美白度★★★
皮肤滋润度★☆☆
防晒霜泛白接受度★★★

最强的美白、抗老化护肤品是防晒霜，
但是 365 天都用 SPF50 的产品会对肌肤造成恶劣影响！

肌肤会变黑和老化，最大的原因就是紫外线

要说成熟女性对护肤品功效的追求，最主要的应该就是抗衰老和美白了。在这两方面都能给予有力支持的最强护肤品就是防晒霜了。说得极端点，即便是便利店里卖的便宜防晒霜，其美容效果也要比高端美容液好。

长斑和晒黑的最大原因就是紫外线，我想这对于成熟女性来说是常识，但其实老化的最大原因同样也是紫外线，这被称作"光老化"。有种说法甚至认为老化的八成原因是光老化。

防晒霜应该每天都用，但平时用 SPF30 左右的就足够了

虽然用遮阳伞、帽子之类的物品抵御紫外线也不错，不过它们不能阻挡从地面反射上来的那部分紫外线，所以涂防晒霜还是有必要的。紫外线不管什么季节、什么天气都会有，因此建议每天都坚持用防晒霜。

但是，是否有必要一直用SPF50级别的防晒霜，这一点值得推敲。SPF太高的话容易增加皮肤的负担，日常生活中即便往高了用，SPF30左右的防晒霜也足够了。只有需要长时间暴露在室外的时候才需要用SPF50的防晒霜。

是否每天用防晒霜，才是几十年后能不能显年轻的关键。

一之介语录

紫外线和防晒霜基础知识讲座

UVB（紫外线B）、UVA（紫外线A）各自的特征

我们应该屏蔽的紫外线有UVB和UVA这两种。中波紫外线UVB能量较强，会快速引起皮肤的炎症，导致晒伤、长斑。而长波紫外线UVA能量较弱，虽然不会马上产生什么影响，但是因为其波长较长，可以穿透到皮肤深处，会慢慢地伤害皮肤细胞。DNA及制造胶原蛋白、弹性蛋白的细胞频繁受损，最终就会导致长皱纹、皮肤松弛。

SPF和PA有什么含义？

SPF是对UVB的防护指标。皮肤接受UVB照射一段时间后，就会有发红的现象（晒伤），SPF30的产品可以将引发晒伤需要的时间延长30倍。目前SPF的最高级别是SPF50+（SPF50以上）。

PA是对UVA的防护指标，防护强度用“+”表示，目前的最高级别是PA++++。

SPF 是什么？

所谓的 SPF，就是表示能够把通常情况下皮肤被紫外线照射后开始出现红斑（晒伤）的时间延缓多久的指数。比如有人平常晒 20 分钟就会有晒伤的表现，如果涂了 SPF10 的防晒霜的话，理论上可以将这个时间延长 10 倍，也就是 200 分钟。

但是，测试防晒霜 SPF 的试验一般都是在涂得相当厚的前提下进行的，因此实际效果可按 1/5 的时间来估量，而且最好经常涂补。

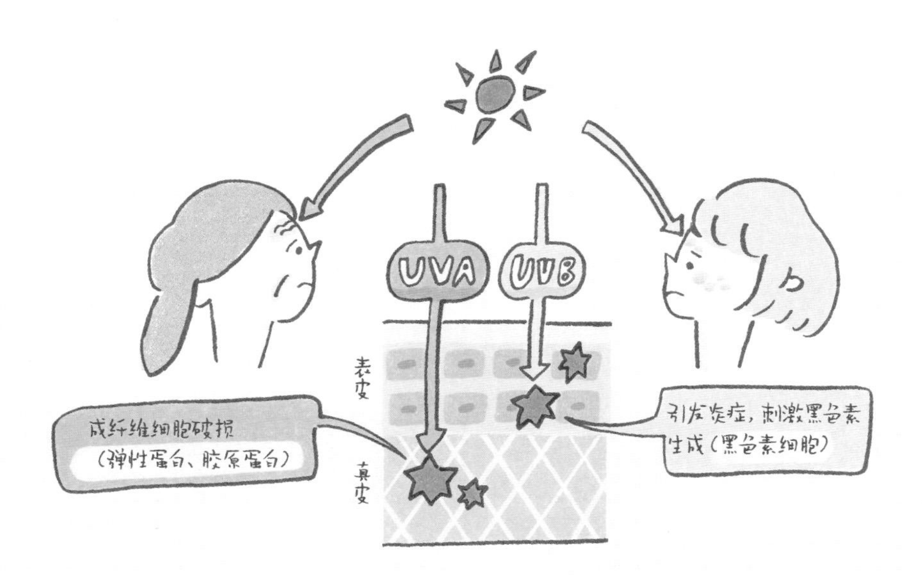

灵活使用紫外线吸收剂或反射剂才是关键

紫外线吸收剂是什么?

紫外线吸收剂就是将紫外线的能量转变为热能然后释放到外界的东西，紫外线防御力和使用感等都很好，但是容易使肌肤干燥，有时也会刺激肌肤。干燥和刺激都是吸收剂在紫外线的照射下发生化学反应引起的，从户外回到家里后肌肤会有疲劳感。

紫外线反射剂是什么?

以氧化锌、二氧化钛为代表的紫外线反射剂，只起物理反射作用，对肌肤几乎没有负担。但是这类产品因为含有白色粉末，使用后会有泛白现象，紫外线防御力也比吸收剂要弱一些。另外，对金属过敏的人，可能不适合用含有氧化锌的产品。

防晒霜要根据 TPO（时间、地点、目的）来灵活使用。

一之介语录

灵活使用防晒霜

日常生活中不需要用 SPF50 的防晒霜，最多选 SPF30 的、主要成分是紫外线反射剂的产品就可以了。长时间待在户外时，根据需要可以使用主要成分是紫外线吸收剂的或者 SPF50 的产品。PA 的话，一般选择 PA++ 以上就可以了。

担心吸收剂刺激性的人士可以这样做

先涂一层主要成分是反射剂的较温和的防晒霜来打底，然后再涂吸收剂型的防晒霜，就可以在一定程度上抵御干燥和刺激了。叠加涂抹还可以提高紫外线防护效果，但是 SPF30+SPF50=SPF80 这种等式并不成立。

雷点

啫喱、喷雾

啫喱多使用酒精类的溶剂，会有刺激性。紫外线吸收剂被认为对环境有危害，会对人体造成何种危害也还是未知数。喷雾有通过呼吸系统进入体内的风险。

含油脂的产品

油脂或植物油含量高的产品虽然防晒效果更好，但是油容易发生氧化，有可能导致色素沉积。

紫外线防护剂一览表

●比较常用的紫外线吸收剂

名称	擅长防御的紫外线	最大含量(%)	刺激程度
甲氧基肉桂酸乙基己酯	UVB	20	低
甲氧基肉桂酸辛酯	UVB	7.5	中
二乙氨羟苯甲酰基苯甲酸己酯	UVA	10	中
甲酚曲唑三硅氧烷	UVA	15	低
二苯酮 -3	UVB+UVA	6	高
二苯酮 -4	UVB+UVA	10	中
丁基甲氧基二苯甲酰基甲烷（阿伏苯宗）	UVA	3	高
对苯二亚甲基二樟脑磺酸	UVA	10	中

●紫外线反射剂

名称	擅长防御的紫外线	最大含量(%)	刺激程度
二氧化钛	UVB+UVA	无上限	非常低
氧化锌	UVB+UVA	无上限	非常低

药妆品有效成分一览表

作用	名称	效果强度
抗炎	甘草酸二钾	较温和
	硬脂醇甘草亭酸酯	较温和
	尿囊素	较强
促进血液循环，提高新陈代谢活性	生育酚乙酸酯	较温和
	视黄醇（维生素 A）	中等
	视黄醇棕榈酸酯	中等
	樟脑	较强
美白	水解胎盘提取物	较温和
	抗坏血酸葡糖苷	较温和
	抗坏血酸磷酸酯镁	中等
	抗坏血酸	较强
	曲酸	中等
	熊果苷	较温和
	凝血酸（氨甲环酸）	较温和
	谷胱甘肽	中等
杀菌，抗老化	异丙基甲酚类	较强
	苯扎氯铵	非常强
	蓝桉叶油	较强
	薄荷油	较强
	扁柏酚	较强
	吡罗克酮乙醇胺盐	非常强
	硝酸咪康唑	非常强
	吡啶硫酮锌	非常强
角质剥离	水杨酸	非常强
	硫黄	非常强
	尿素	中等

※ 要注意，成分的效果越强，引起副作用的风险越大。

33

染色剂会影响肌肤健康吗？

特 征

- 喜欢中间色
- 看到“自己的专属色”这种宣传语就情绪高涨
- 气色经常不好，口红、腮红不能停

数 据

口红不可或缺

皮肤美白度★★☆
皮肤滋润度★☆☆
追求自我程度★★★

如果不过敏的话是不用担心染色剂的，但是变色唇彩会让嘴唇变黑！

染色剂的过敏症状会被单点触发

赤藓红等人工合成色素是彩妆用品里不可或缺的成分。最近，因为矿物质化妆品非常有人气，也有用氧化铁等着色的产品（氧化铁本身是橙色的），但论显色效果还是比不上人工合成色素。

人工合成色素本身虽然并没有刺激性，但会引起部分人的过敏症状。不过，并不是所有的人工合成色素都会引发这部分人的过敏症状，这种过敏有单点触发的特性，比如“日落黄不行”，所以，只要规避个别色号，其他的一般是不用担心的。

会变色的化妆品只是利用了化学反应

可以让嘴唇变得靓丽迷人的变色唇彩最近在年轻女性中非常火爆。这种唇彩能根据每个人的肤质和体温，呈现出不一样的颜色，这也是其人气高的原因。其成分会根据当时的pH[1]发生化学反应，从而实现颜色的变化。但是化妆品会对肌肤产生刺激，正是因为其在肌肤上发生了化学反应。在化学反应过程中，变色成分和皮肤细胞的蛋白质发生结合，就有可能引起色素沉积从而使唇色变得脏脏的，或让嘴唇变得粗糙。

1.pH：表示液体酸碱性的指标。用 1 ~ 14 的数字来表示，数值越低酸性越强，数值越高则碱性越强，pH=7 为中性。

会变色的化妆品，可能让你的肌肤也一起跟着变色。

一之介语录

BB 霜不是万能化妆品

图省事的痴迷 BB 霜型女子

特征

- 爱上了 BB 霜和 CC 霜
- 不想花太多时间，所以喜欢多效合一的产品
- 爱看韩剧

数据

怕麻烦

皮肤美白度★★☆

皮肤滋润度★★☆

纸质面膜购买力★★★

1. 新大久保是位于东京新宿的韩国街。——译者

BB 霜基本等同于粉底霜，不是不好，但没好到非其不可的程度

BB 霜说到底就是个化妆品，不能指望它有美容效果

BB霜是从韩国火起来的，目前在日本也已经成为常规化妆品。一瓶BB霜可以身兼保湿剂、妆前乳、粉底、防晒霜、美容液等多个角色，便利性是其人气高的一个因素。

BB 霜并没有明确的定义，成分构成基本和粉底霜是一样的。有很多产品以护肤效果好为卖点，但这类底妆产品，主要成分都是紫外线吸收剂、反射剂之类的，想要护肤效果还是得另做打算。

BB 霜会在皮肤上形成强力的膜被，对肌肤的负担要比粉底更大

有些人会有“BB霜=低刺激”这种印象，但其实BB霜并没有什么特别的，其膜被反而比妆前乳或粉底液都强，因此就温和度来说还是比不上普通妆前乳+粉饼的组合。蹭着BB霜热度登场的“CC霜”，其色感和膜被要弱一些。本来对皮肤不好的粉底就不多，所以BB霜、CC霜也没什么不好，但也没有理由特别执着地使用。

可能“AA 霜”“DD 霜”也快要诞生了吧。

一之介语录

一之介
特别专栏 1

化妆品应该在哪里保管?

有的女性喜欢将基础化妆品放进冰箱保管，可能是因为担心化妆品坏掉，也可能是因为喜欢凉爽的使用感吧。如果是特别注明要冷藏保存的产品，这样做当然无可非议，如果不是的话就另当别论了。冷藏有可能会造成化妆品内容物沉淀、结块，有时候成分甚至会分离，无法发挥产品原有的效果呢。所以还是放在阳光直射不到的阴凉处保管吧。

膏状的卸妆产品一旦吸收了水分，清洁能力就会变弱，所以大部分产品的说明上会提醒消费者不要在浴室内使用。其他的洗面奶或卸妆产品，只要在使用期限（一般是开封后2~3个月）内用完，直接放置在浴室里也可以。但按压型卸妆产品的瓶口容易吸收空气中的水分，因此在2个月内用完比较好。

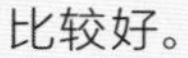

第三章

成年女性的头发及全身皮肤护理

身体和面部的护理原理是相通的。
可以说，打造面部美肌和身体美肌的方法基本是大同小异的。
用正确的方法，从头发护理到指尖，
为成为光彩照人的女性而努力吧！

35

泡完澡后，原本就不需要涂抹保湿产品

特 征

- 涂婴儿油很放心
- 全年都是烦人的干燥肌
- 皮肤发痒，一抓就变红

数 据

着重对抗干燥的身体皮肤护理

皮肤美白度★★★
皮肤滋润度★★☆
喜欢在浴室中涂抹★★★

越抹护肤油皮肤越容易干燥！真正该做的是更换沐浴皂

降低沐浴皂的清洁力度 身体干燥的情况就能改善

很多女性都会在出浴后涂抹身体乳霜等来预防干燥。但是，如果你在意皮肤干燥的话，更应该好好关注沐浴皂的清洁力。沐浴皂连皮肤上的皮脂和保湿成分也一并洗去了，才会造成干燥。降低清洁力度，让滋润成分留在皮肤上，就能预防干燥。肥皂以及市面上的廉价沐浴皂基本上清洁力都很强，需要谨慎选择。请试着参照154~155页来选购沐浴皂吧！

护肤油会降低皮脂的分泌量，反而会导致干燥

很多女性沐浴后常用婴儿油护肤，然而将婴儿油直接涂抹在皮肤上会导致外油内干。植物油脂没有这个问题，但存在氧化和引起皮肤粗糙的风险。本来，皮肤只需要非常少量的皮脂就足够了，如果每天大量地涂抹别的油，会引起皮脂分泌减少，有形成慢性干燥肌的可能。需要保湿的话，就使用含有神经酰胺的身体乳吧。

解决身体干燥的首要课题是选择合适的沐浴皂。

一之介语录

泡个澡就可去除身体上几乎全部的油污

不搓到微微发痛就感觉不过瘾啊。

洗澡＝搓澡

洗头发偶尔也比较用力

一直搓到身体发红

唰唰唰

唰唰唰

很用力

用力搓澡型女子

特　征

- 洗澡时使用尼龙质地的毛巾“唰唰”地擦洗
- 去韩国旅游时会去搓背
- 急性子，等不及将沐浴皂揉出泡沫

数　据

过度清洗身体

皮肤美白度★★☆

皮肤滋润度☆☆☆

我行我素程度★★★

在浴缸中泡澡后，没必要再用沐浴皂洗全身！
只是，突然停用沐浴皂是不行的

汗液、皮脂等，
基本上泡个澡就全洗掉了

很容易出汗和毛发多的部位还是有必要使用沐浴皂的，但汗液和皮脂基本上在泡浴时就会脱落。所以，有泡澡习惯的女性没有必要使用沐浴皂清洗全身。使用清洁力强的肥皂、沐浴皂反而会导致皮肤干燥或特应性皮炎，用搓澡巾“唰唰”地擦洗身体也不可取。尼龙巾之类摩擦力大的搓澡巾对皮肤的刺激性也很强。

体质不会马上变化，
猛一下子停止清洗会使污垢堆积

如果过度清洗身体，皮肤会自动启动保护机能，生成更多角质。而且，皮肤有不受外界环境左右，保持固有机能的恒常性。

长期用力擦洗身体的女性如果突然“从今天开始不再擦洗了”，角质多产的体质也不会一下子改变，因而能明显感觉到污垢的堆积。请参考下一页，逐渐降低清洁力度吧！

强烈的“清洁落差”是失败的首要原因。

一之介语录

将沐浴清洁力 慢慢降下来的方法

没必要搓洗身体

大受欢迎的尼龙等材质的搓澡巾摩擦力较大，对皮肤的刺激也大。相比之下，使用对身体绝对没有刺激的“自己的手”来清洗身体是最佳选择。

用起泡网将沐浴皂揉搓起丰富的泡沫，将泡沫抹在手上，轻轻地用手抚摸一下皮肤，然后马上冲洗。这样就足以将身体表面的污垢洗干净了。

慎选肥皂和售价低廉的沐浴皂

肥皂的碱性强，清洁力较强，最好选择弱酸性的沐浴皂。但是，市面上售价低廉的沐浴皂清洁力也很强，而且含有刺激性的月桂醇聚醚硫酸酯铵等成分。以“月桂醇硫酸酯”“月桂醇聚醚硫酸酯”开头的成分都比较廉价，市面上出售的清洁产品中常有这种成分，要留意。

推荐使用弱酸性、以碳酸类和氨基酸类成分为主的产品。这类产品清洁力温和，刺激性较弱，可以放心使用。

分步降低沐浴清洁力

皮肤有它的恒常性，即不受外界环境变化的影响，保持其固有机能的性质。突然停用沐浴清洁用品的话，身体短期内还是会像往常一样产生角质，所以猛地停用沐浴用品，皮肤会积攒很多污垢。可以按照以下的步骤，慢慢地降低清洁用品的清洁力。

第1步：将沐浴皂更换成碳酸型产品。

↓

第2步：习惯以后，停止使用搓澡巾，用手清洗。使用起泡网揉出泡沫，然后将泡沫抹在手上，用手抚摸皮肤来清洁，再冲洗掉泡沫就可以了，没有必要搓洗。

* 做不到不使用搓澡巾的朋友，可以用纯棉、羊毛、丝质等亲肤材质的毛巾代替搓澡巾。

↓

第3步：可以根据喜好，将沐浴皂更换为氨基酸型的产品。皮脂分泌旺盛的人也可以继续使用碳酸型的。

↓

第4步：最终仅在出汗多的部位和毛发多的部位使用沐浴皂，其他部位不用沐浴皂洗（泡澡足以洗干净污垢）。

* 将第 1 步和第 2 步的顺序颠倒一下，先改变清洗方式也是可以的。

* 喜欢淋浴的女性，还是使用适量沐浴皂清洗比较好。

碳酸型产品

成分表的前面有“某某羧酸钠”“某某乙酸钠”的产品（也有例外的情况）。

氨基酸型产品

成分表的前面有“某某氨基丙酸钠”“某某谷氨酸钠”的产品（也有例外的情况）。

泡澡剂充其量算是治愈系产品

特征

- 周末泡澡时要使用泡澡剂
- 收到的礼物是某品牌的泡澡球
- 当然，送朋友的礼物也是泡澡材料

数据

爱收集泡澡剂

皮肤美白度★★☆

皮肤滋润度★★☆

可爱度优先级★★★

老实说，有价值的泡澡剂几乎没有！
深受女性喜爱的“彩色浴”也要适可而止

药浴类泡澡剂
几乎没有促进血液循环的疗效

很多女性觉得，泡澡剂应该有治疗效果吧。然而，从皮肤科学方面来看，优质的泡澡材料很少，泡澡的时候什么都不放最保险。

泡澡剂主要分两种：一种是含药物成分的，主打促进血液循环或排汗；另一种是含精油成分的，主打皮肤保湿。精油系列基本上没有坏处，药浴系列则几乎都是骗人的。大家常用的发泡型泡澡剂正是前面介绍的碳酸类似物，它并没有促进血液循环的作用，还会使整个浴缸的水变成碱性的，造成皮肤干燥。

深受女性欢迎的新潮泡澡剂
多数含有刺激性成分

在女性群体中人气很高的浴球型泡澡剂，能使浴缸的水变成彩色的，或者变出金银线条、花瓣等把浴缸装点得色彩斑斓，因而深受好评，但其所含的色素和香精却是非常厉害的东西。这种泡澡剂基本上就是用合成染色剂和香料做成的球。它给人以浸泡在画一般的浴池中的感觉，其实排掉的水会给环境造成很大负担。此外，泡泡浴的原料主要是十二烷基硫酸钠等有争议的表面活性剂，会刺激皮肤。浴盐虽然有发汗的功效，但高浓度的盐分也有刺激性，敏感肌需谨慎使用。

泡澡剂损坏浴室热水器的案例也很多。

一之介语录

去角质时扑簌簌往下掉的并不是角质！

特征

- 每周会在洗脸时使用一次去角质啫喱
- 无法忍受破旧的、掉渣的东西出现
- 喜欢去夸赞自己的美容院

数据

爱做角质护理

皮肤美白度★☆☆
皮肤滋润度★☆☆
渣渣收集度★☆☆

用化妆品去角质是无效的，扑簌簌掉下来的并不是老化的角质！

化妆产品中只能加入一点点去角质成分

所谓的“去角质”，就是使用具有蛋白质变性作用和皮肤溶解作用的AHA（α-羟基酸）、BHA（β-羟基酸）等果酸产品，使皮肤表皮层剥落、新生。这原本属于医疗美容范畴。

市面上有一些含有去角质成分的洁面产品，其有效成分的含量很低，几乎没什么效果。虽然如此，但其中毕竟含有能使表皮剥落的成分，频繁使用会使角质减少，除了导致表皮层变薄从而容易过敏的情况外，也有可能出现角质增厚的反效果。

使用去角质啫喱揉出的渣只是凝胶而已

去角质啫喱以“去除老废角质，打造光滑美肤”为卖点。涂抹上这类产品后，揉搓皮肤就会出现用橡皮擦后那种扑簌簌往下掉的渣，有的人就会感觉“角质好多呀”“皮肤变得真光滑”，等等。

但这种渣状的东西并不是角质，只不过是啫喱里面所含的凝胶凝固后的产物。实现光滑肌肤效果的主要是阳离子型表面活性剂。这种成分刺激性很强，一般是不会加入护肤产品里的。

在橡胶手套上涂抹去角质产品，也一样会揉出渣来。

一之介语录

所谓去角质究竟是怎么回事？

效果轻微的去角质产品用过头了一样危险！

根据相关规定，化妆品中添加的 AHA、BHA 只能是极微量的，因此并不能达到皮肤美容科用化学方法去角质的那种明显效果。虽说浓度低，但毕竟是溶解表皮的成分，对皮肤的刺激性很强，使用时需要谨慎。

去角质啫喱是一种利用视觉效果的欺骗性产品

涂抹去角质啫喱后产生的渣，其实是啫喱的主要成分——凝胶的凝固物。有时候渣呈黑色，那是皮肤表面的油污被卷进去形成的，这种油污拿煮熟的米饭粒在皮肤上滚动一样能粘下来。此外，为了让皮肤有光滑的手感，有的产品中会添加柔软剂中使用的阳离子型表面活性剂，这在一般化妆品中并不适用。

含有AHA成分的洁面产品多数是以皂基为基本原料的，皂基是碱性的，而AHA是酸性的，与皂基中和后基本已经失去了活性。

与自己在家去角质不同！化学方法去角质的原理

医疗美容行业采用的是化学去角质方法，使用的AHA或BHA浓度可达百分之几甚至百分之几十，正确使用的话据说对改善痘印等十分有效（但作用较强，敏感肌使用需谨慎）。

果酸剥离角质的强度水平

注意！

许多天然植物中含有与BHA、AHA同等效果的成分。美容美体沙龙等机构推出的使用天然成分去角质的项目近来很受欢迎。既然两者的效果相同，带给皮肤的负担自然也是相同的，并不能因为是天然成分就放松警惕。

想打造光滑的脚掌，乳霜、搓脚石统统不需要

脚后跟离不开尿素霜型女子

特 征

- 一到冬天脚后跟就裂口子
- 涂尿素霜护理脚部
- 并不了解尿素这种东西

数 据

脚后跟皮肤坚硬

皮肤美白度★★☆

皮肤滋润度★☆☆

润唇膏需求度★☆☆

尿素霜、搓脚石、锉刀、去角质产品，使用后反而会使脚后跟皮肤变硬，请全部停用

与其说尿素是溶解角质的东西，不如说是使角质增厚的东西

很多人不好意思让人看到发硬皲裂的粗糙脚后跟，于是拼命涂抹含有尿素的保湿霜，殊不知这样反而会起到反作用。

尿素的作用原理是利用蛋白质变性作用，使角质（蛋白质）溶解。涂抹尿素以后，脚后跟的粗糙程度可能看起来改善了，但角质越去除越容易反弹，长时间这样做反而会使脚后跟的皮肤变硬。

角质越去除越容易增厚，最坏的结果可能是引发脚气

用搓脚石、锉刀磨脚底同样会起到反作用，道理同上面说的一样，角质越去除越容易增厚。

此外，能使脚后跟皮肤剥落的脚部角质膏正是前面介绍的化学去角质产品。一下子去除了角质，新生皮肤的屏障机能尚不健全，而且角质膏在利用较强的蛋白质变性作用抑制杂菌繁殖的同时，把正常细菌也一起消灭了。这样就使得皮肤屏障机能变弱，容易感染脚气等皮肤疾病。

被剥夺就会拼命增长，这就是角质的天性。

一之介语录

打造婴儿般光滑水嫩脚掌的秘诀

鞋子一换，脚掌也跟着变了

为了减缓走路时受到的冲击，脚后跟处的角质会自动增厚，所以此处的皮肤比较坚硬。特别是穿高跟鞋时，压力都集中在脚后跟的部位。尽量穿轻便的运动鞋或平跟鞋，花上一年左右的时间，脚后跟的皮肤状况一定能改善。

零零落落剥离脚掌表皮的去角质产品

现在市面上有这样一类脚部护理产品：套上袜套型的啫喱脚膜套，停留 30 分钟左右后洗净，过几天脚掌心的角质就会纷纷脱落下来。

这种方法的原理就跟p.163所介绍的“化学方法去角质”差不多。根据有关规定，化妆品中去角质成分的浓度是很低的，一般不会有蜕皮的效果。但脚膜产品可以归入杂货类别，这样去角质成分的浓度就可以配得很高，达到剥脱角质的效果。

打造好看的脚后跟，从选择鞋子开始

穿平跟鞋对改善脚后跟皮肤状况有好处。穿着高跟鞋的时候，建议搭配厚实的连袜裤或鞋垫。

美肌女子的最爱——肉、红酒和咖啡

特 征

- 午餐时间较忙，依赖快餐
- 经常选实惠的套餐，薯条也照吃不误
- 最近在为长痘痘、皮肤粗糙而发愁

数 据

喜欢油炸食品

皮肤美白度★☆☆
皮肤滋润度★★★
傍晚时鼻翼油光度★★☆

油炸食品吃多了要当心胶原蛋白不足，能拥有美肌的是“肉食咖啡党”

肉类和蛋类中含有胶原蛋白原料物质

肌肤是由蛋白质组成的，想要打造美肌，少不了代表选手肉类以及蛋类。其中胶原蛋白的直接原料——羟脯氨酸含量丰富的鸡腿肉值得推荐。当然，直接食用胶原蛋白也是可以的，但美容保健品或饮料的性价比并不高。此外，鸡蛋的蛋白质和其他营养素都非常均衡，是有效的美肌辅助食品。

想要美白和抗衰，抗氧化成分多酚来帮忙

咖啡和红酒中富含抗氧化的多酚成分，可以预防色斑和老化。但咖啡自身也会氧化，所以可以自己磨豆或请店里磨好后冷冻保存。

不推荐使用饱和脂肪酸含量较高的色拉油烹调食物。饱和脂肪酸在体内很难分解，氧化后更加难以分解，会增加消化器官负担，最终损伤皮肤和身体。同一锅油反复使用也会发生氧化，所以快餐中的炸薯条、便利店的油炸点心都需要当心。

我的保留菜单是鸡肉鸡蛋盖浇饭和蛋包饭。

一之介语录

应该摄入的营养素有 蛋白质和多酚

多酚的抗氧化原理是什么

咖啡和红酒中所含的多酚具有抑制氧化的作用。这是因为多酚这种物质很容易被氧化，这样就可以防止身体本身一些氧化反应的发生。所以，为了防止日晒损伤、色斑和老化，要多摄入该物质。另外，美肌成分维生素C也是效果很好的抗氧化成分。

鸡肉含有丰富的羟脯氨酸

从食物中摄入的蛋白质无法直接为皮肤所用，它分解后产生的脯氨酸在维生素C的帮助下可以转化成羟脯氨酸，这种氨基酸是胶原蛋白的主要成分。因此，直接食用含有丰富羟脯氨酸的鸡肉（尤其鸡腿肉）等，肯定是有好处的。

只是，食用鸡肉后需要几天的时间效果才能反映到皮肤上，因此，如果食用富含胶原蛋白的食物的第二天就觉得皮肤变得弹性十足，那也许只是血液循环加快了的效果。

咖啡怎么喝很关键!

咖啡容易发生氧化，所以咖啡豆磨好以后1小时内要喝完。要么每次自己磨，然后1小时之内喝；要么请店里磨好，带回家冷冻保存。咖啡豆不含水分，所以即使放进冷冻室基本上也不会冻结起来。

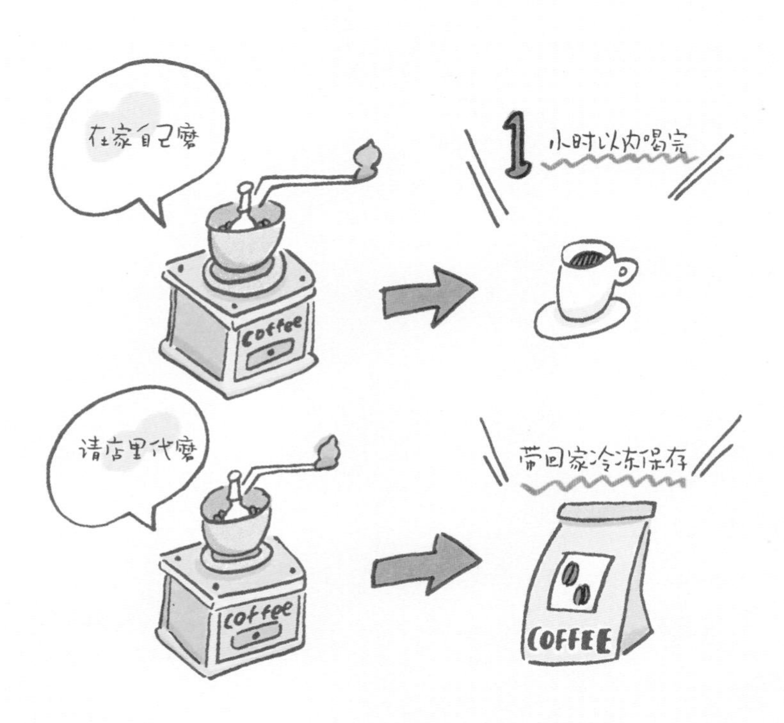

41

瘦身类化妆品收紧的不是脂肪而是皮肤

特　征

- 只要能瘦下来就不怕花钱
- 用上万日元的瘦身啫喱
- 认为泡澡之后是按摩的大好时机

数　据

期待变瘦

皮肤美白度★☆☆
皮肤滋润度★☆☆
瘦脸矫正尝试次数★★★

靠化妆品瘦下来是绝对不可能的！要警惕误导消费者的瘦身产品

化妆品不能使用“瘦身”等宣传语

市面上有一些啫喱和乳霜鼓吹自己有瘦身、燃脂等效果，但使用这些产品后并不能变瘦。化妆品有瘦身效果的说法并没有得到承认，“可以瘦身”的宣传语也是违反商品标示法的。

但根据化妆品类型的不同，“收紧皮肤”这样的说辞是可以使用的。皮肤受到微弱的刺激后，短时间内可以自动收紧（收敛作用），但只是皮肤收紧而已，身体并不会收紧。而一旦说到“收紧”，消费者很可能就会误解为身体可以收紧。

只是皮肤表层的血液循环得到改善，皮下脂肪不会发生任何变化

具有瘦身功能的产品的有效成分主要是辣椒素、香兰基丁基醚等能使皮肤发热、促进血液循环的物质。因为发热，所以肯定会出汗，但仅此而已。只是皮肤表层的血液循环得到了改善，皮下脂肪并没有任何变化。

使用啫喱进行按摩后，浮肿也许能消除，但那只是按摩的功劳。有的人是因为别的部位的血液循环出现了问题，导致水分滞留在脚部或面部引起浮肿，这种情况就需要找到根本原因进行改善了。

想按摩的话，徒手按摩就可以了。

一之介语录

42

美容仪的真实效果还是个谜

特　征

- 各式各样的美容仪全都有
- 深夜在网购平台火速下单
- 周末会去家电商场看新产品

数　据

依赖仪器

皮肤美白度★★☆
皮肤滋润度★☆☆
蒸汽护肤痴迷度★★★

美容仪的真实效果谁都不清楚，单凭“总觉得有点儿效果”就用真的好吗

离子导入适用于维生素 C，但可能存在副作用

化妆品只能渗透到皮肤的表层，于是借助离子的作用力帮助化妆品成分渗透到皮肤深层的离子美容仪就诞生了。一部分美容成分溶于水后会带静电（有离子），再施加同极静电，利用相斥作用就可以把离子推入皮肤的深层。但有的带离子的分子比较大，无法导入皮肤的深层。有代表性的可导入成分有维生素C等。只是，强行导入的话副作用也必须考虑。

在详细信息公开之前，风险分析还远远不足

化妆品有标示成分的义务，根据成分可以大致判断出好坏。而美容仪属于百货类别，并没有化妆品那样的针对信息公开的具体规定。因此，消费者没有识别其效果的有效手段，而且，它还属于风险评估尚不完全的领域。比如超音波美容仪，也存在超音波对细胞有损伤一说。我个人认为，效果和风险都尚不明确的产品还是慎用为好。

对于大多数的美容仪，还是别轻易相信为妙。

一之介语录

敏感肌人群处理多余毛发最好选择永久脱毛

特征

- 有惯用的 T 字型剃刀
- 尝试过蜜蜡脱毛，因太痛而放弃
- 冬季时脱毛比较马虎

数据

用剃刀脱毛

皮肤美白度★★☆
皮肤滋润度☆☆☆
剃毛刀使用频率
★★☆

用剃刀脱毛可能引起毛孔粗大！比较温和的是电动剃毛刀或永久脱毛

剃刀有导致毛孔发炎和毛孔粗大的危险，脱毛膏有导致皮肤粗糙的危险！

处理多余的毛发有好几种方法，但敏感肌或患特应性皮炎人士选择脱毛膏会比较危险。脱毛膏的主要成分是巯基乙酸钙，这是一种强力还原剂，也用于烫发。它有溶解蛋白质的作用，可能导致毛发周边的皮肤变粗糙。

此外，用剃刀会刮到皮肤，容易引发毛孔发炎、毛孔粗大等问题，因此不太推荐。

拔毛拔不好的话，不能因“埋没毛”引发炎症

由上可见，选择拔毛似乎比剃毛略微好一些，但是尖锐的拔毛器也会损伤皮肤。此外，如果没能彻底从根部拔除毛发，残留的短毛埋没在毛囊中，很可能引发炎症。

最推荐的脱毛工具是电动剃毛刀，价格合适的电动剃毛刀对皮肤基本上没有任何伤害。如果不局限于自己处理的话，也可以选择去医疗机构脱毛。与自己反复脱毛相比，在医疗机构做永久脱毛对皮肤的伤害要小得多。

最好用的美容家电是电动剃毛刀！

一之介语录

剃毛会导致毛发变粗吗？
处理多余毛发的知识总结

毛发会越剃越粗吗？

“毛发越剃就越粗”的观点是错误的。毛发是根部较粗、越到末梢越细的结构，所以贴近根部剃除毛发后，那里的毛发看起来就会比较粗。虽然不会越剃越粗，但剃毛有引起毛孔炎症、毛孔粗大的可能。

使用拔毛器失败的话，可能导致“埋没毛”

顶端较尖锐的拔毛器不仅容易伤到皮肤，还不易从根部拔除毛发。残留一小段毛发在毛孔中的话，它可能会在毛孔内继续生长成为埋没在皮肤内的毛发，引发皮肤炎症，因此一定要选择合适的拔毛器。

自己处理毛发最好的工具是电动剃毛刀。价格合适的商品对皮肤的刺激是很小的。

有关多余毛发的小知识

虽说是多余的毛发，但是处理起来也是有讲究的。如果方法不正确的话，可能会引起皮肤粗糙。

何谓“埋没毛”？

如果没能从毛发的根部将其拔除，残留了一小段在毛孔中的话，它就会在里面继续生长，成为埋没在皮肤内的毛发。这样很可能引发皮肤炎症，因此一定要选用合适的拔毛器。

如何选择拔毛器

顶端是圆形，左右两边可以很好地对合起来的拔毛器就很好。这样按压时不会损伤皮肤，还更容易夹住毛发。

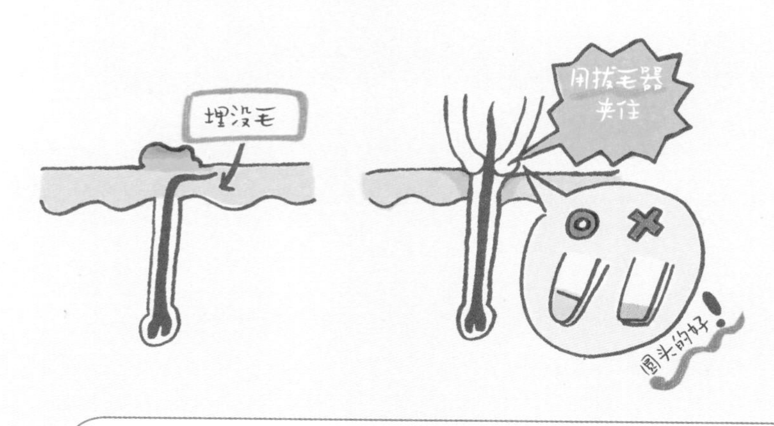

美容美体机构并没有医疗资质，脱毛请选择医疗机构。

一之介语录

补充维生素C别选择输液，口服保健品才是正解

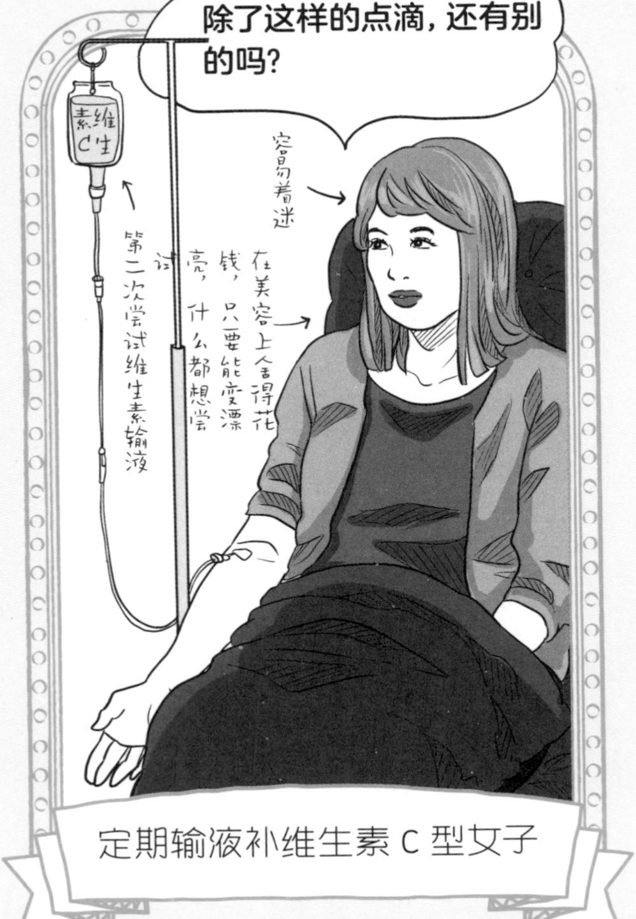

除了这样的点滴，还有别的吗？

维生素C

容易着迷

在美容上舍得花钱，只要能变漂亮，什么都想尝试

第二次尝试维生素输液

定期输液补维生素C型女子

特 征

- 会去医院打维生素C点滴
- 渴望追加各种各样的成分
- 觉得营养成分直接进入血液更有效

数 据

喜欢直接摄入营养

皮肤美白度★★★

皮肤滋润度★★☆

保健功能在意度★★★

摄入太多的维生素 C 毫无意义，不如养成老老实实每天服用保健品的习惯

超出需求量的维生素 C 全部会通过尿液排出体外

在美容皮肤科等地方打维生素C点滴也许只是在浪费金钱和时间。维生素C是水溶性维生素，超出身体需求量的部分就会随着尿液排出体外。虽然稍微过量摄入一点儿不会有什么影响，但也毫无意义。此外，“输液能让维生素C直接进入血液，更有利于吸收”的说法也值得商榷。吃进去的营养素经由内脏吸收后也一样会溶入血液，最后多余的部分会通过尿液排出。

维生素 C 保健品是美肌的好伴侣，但服用维生素 A、维生素 E 需谨慎

将维生素C作为营养辅助品服用的习惯是值得推荐的。维生素C有美白以及抗氧化的功效，而痘痘肌或皮肤粗糙的人服用维生素B_2较好。

但维生素A和维生素E是脂溶性维生素，容易堆积在体内，过量摄入会引起副作用。特别是孕期的女性，过量摄入维生素A可能会对胎儿造成不良影响，务必要注意。

打维生素 C 点滴，只是糟蹋了维生素 C 和金钱而已。

一之介语录

化学物质进入体内的『经皮毒』真相

特　征

- 选洗发、护发产品时不挑成分只挑香味
- 也会在网购平台购买国外产的洗发水
- 对天然原料的国外品牌很放心

数　据

被经皮毒所惑

皮肤美白度★★☆

皮肤滋润度★★☆

网购沉迷度★★★

有害化学物质不会从皮肤进入体内，但香料除外

普通用途的成分不会经由皮肤侵入体内

日用品以及化妆品中所含的有害化学物质会经由皮肤进入体内，在体内堆积，导致各种各样的健康问题——这个通常被称为“经皮毒”的说法纯属胡说八道。

本来，被指出有经皮毒危险的是月桂醇硫酸酯钠和丙二醇（PG）这两种成分。月桂醇硫酸酯钠在皮肤上停留50小时左右才会有微量渗入体内，但因为它是清洁剂，一般很容易就被冲洗掉了。而丙二醇现在几乎不使用了。

日化用品的成分要穿过皮肤屏障是很难的，就算可以做到也会 100% 变成尿液

我们的皮肤屏障并没有那么脆弱，日用品、化妆品级别的成分是无法畅通无阻地进入皮肤深层的。即使表面活性剂从伤口或炎症部位大量侵入体内，也会在一周之内100%进入尿液，排出体外，因为这类成分是溶于水的。

大多数人因为并不了解化学物质的实情，所以毫无根据地害怕这些。有些经销商会恶意利用消费者的这种心理，请千万不要上当。

请谨慎对待“经皮毒传销”。

一之介语录

有关经皮毒的一些错误解读

月桂醇硫酸酯钠的经皮吸收数据

1% 浓度的月桂醇硫酸酯钠溶液在皮肤上停留 48 小时，每平方厘米才有 0.00000024 克进入体内。但月桂醇硫酸酯钠是清洁成分，很容易洗掉，所以在一般情况下是不可能出现经皮吸收的情况的。

清洁剂引起的皮肤粗糙是某些成分对皮肤表面造成刺激形成的，并不是侵入了皮肤内部导致的。

敏感部位的经皮吸收真相

“女性敏感部位的经皮吸收率高达普通皮肤的42倍”的说法一度流行，有的商家还借此推出了布卫生巾。

而这个实验是使用类固醇类药品——氢化可的松做的。该药品本来就有经皮吸收性能，使用这样的药品来做实验原本就不合理。如果使用化妆品来做的话，就不会得到这样的数据。

经皮毒不可信，但香料需要当心

“经皮毒”原本是为表示月桂醇硫酸酯钠、丙二醇的经皮吸收现象而创造的词，结果却由此产生了很多表面活性剂等成分会通过皮肤进入体内的谣言。但另一方面，应该警惕原本与经皮毒是两码事的香料的经皮吸收。香料是一类特殊的化学物质，分子很小且不溶于尿液，属于脂溶性成分，有可能会堆积在体内。

不用洗发水，只用清水也可以洗掉头发上的污垢吗？

用清水洗发型女子

特 征

- 听说用清水洗头对头发很好
- 在蓬松的烫发上使用发蜡
- 会用剪刀剪掉分叉的头发

数 据

在意洗发水的成分

皮肤美白度★★☆

皮肤滋润度★★☆

尝试了塔摩利式入浴法★★★

成年女性想要成功实现“清水洗发”必须能经受三年以上的简朴生活以及始终保持不往头发上涂东西的觉悟

即使尝试了清水洗发也不能马上改变油脂分泌量

既然洗发水中有不好的成分，那就只用清水洗头发吧。于是，“清水洗发对头发好”的说法就悄悄流传开来。

的确，市面上售卖的洗发水基本上清洁力都很强，因此，头皮为了维持环境的平衡就会多多分泌油脂。但是，即使采用了清水洗发的方法，因为肌肤有其恒常性，油脂分泌量不会立马改变。使用普通洗发水的人士，突然改用清水洗发，头皮和头发都会油脂过剩。

用清水洗发可以去除七成的污垢剩下的三成依旧是个麻烦

“只用清水洗发也能去除七成的污垢”这一说法是事实，但剩下的三成日积月累，会渐渐使头发整体因为皮脂而变得黏糊糊的。以皮脂为食的皮肤常驻菌数量也会增加，从而造成各种各样的皮肤困扰。

皮脂分泌量很少的50岁以上的人另当别论，但成年女性要等到皮脂分泌减少，只用清水洗发就达到很舒适的状态至少需要3年的时间。此外，定型剂用热水是没办法洗掉的，所以想只用清水洗发的话，通常头发上什么都不能涂。

没必要为了实现清水洗发而耗上三年。

一之介语录

以无硅油为卖点的洗发水用不得

特　征

- 认为硅油会堵塞毛孔
- 喜欢逛药妆店
- 喜欢多重营养护发

数　据

讨厌硅油

皮肤美白度★★★
皮肤滋润度★★☆
对头发顺滑的喜爱度★★★

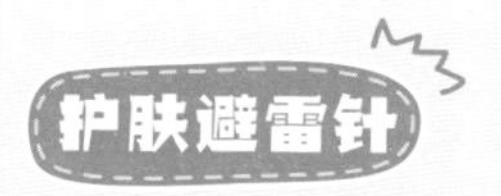

大肆宣扬“无硅油”的市售洗发水基本上质量和使用感都不佳

硅油本身是令人放心的成分

近些年来，市场上的无硅洗发水日渐增多。但是硅油本身是安全的皮膜（表层薄膜）油。皮肤会受刺激，是一些物质在皮肤上发生了化学反应引起的。但是硅成分稳定性较高，不容易和其他成分发生化学反应，也就是说它既不会引起刺激，也不易氧化。虽然硅油是表层薄膜剂，用量过多的话会使发质变重，但也没必要特意规避。

含有硅油 = 含有不好的表面活性剂

使用含有不好的表面活性剂的洗发水，头发会变得毛躁。为了掩盖这样的缺陷，厂商会在产品中加入硅油。美容店专卖的洗发水一般不含有不良表面活性剂，也就没必要加入硅油，所以通常都不含硅。这是很平常的事情，因此不会特意以“无硅”为卖点来宣传。而以无硅为卖点的主要是那些为了掩盖缺陷而添加硅油，后来又专门去除了硅油的改良产品。

只是去除了硅油，价格反而抬高了！

一之介语录

选择洗发水时如何避免“踩雷”

如何看待硅成分？

硅是安全的成分，可以掩盖由不良表面活性剂造成的毛发毛躁，因此洗发水中含硅油较多，可以作为其含有不良表面活性剂的证据。而特意以“无硅”为卖点的洗发水，大部分是从含有不良表面活性剂的洗发水中单独去除了硅油的改良洗发水。

含有皂液和杀菌剂的洗发水也是不推荐的

肥皂是弱碱性的清洁剂。头发的表层保护膜是弱酸性的，通常处于闭合状态，接触碱性物质后会打开。基于这样的特性，如果使用碱性洗发水，头发的表层保护膜就会打开，头发容易变得毛躁。

有头屑、头痒的人士常会选择含有杀菌剂的药用洗发水，但是杀菌剂会连具有保护作用的皮肤常驻菌也一起杀掉，从而使外部的杂菌繁殖，引起头皮状态的不稳定，这一点需要注意。

应该规避的洗发水成分

市面上销售的洗发水种类繁多，如果你在为如何选择洗发水而烦恼，请注意以下几点吧。

注意检查这几条

- 不要选择成分词尾有“硫酸酯钠”“硫酸 TEA”等字样的洗发水。
- 不要选择成分词尾有“磺酸钠”字样的洗发水。

* 单独的“硫酸钠”是可以的。

三大不良表面活性剂

月桂醇硫酸酯钠

月桂醇聚醚硫酸酯钠

烯烃磺酸钠

洗发水的清洁成分主要是阴离子型表面活性剂，面向大众的产品多数含有月桂醇硫酸酯钠、C14 - C16 烯烃磺酸钠等。这类阴离子型表面活性剂的清洁力和刺激性都很强，敏感肌要特别注意。

其他要避开的成分关键字

- 皂基（钾皂基）
- 杀菌剂（如吡硫鎓锌、吡罗克酮乙醇胺盐等）

正确选择洗发水的方法

选择低刺激性的清洁成分

在洗发水中使用的阴离子型表面活性剂，不仅有月桂醇硫酸酯钠等强效成分，也有低刺激性、清洁力温和的成分，比如碳酸类、牛磺酸类、氨基酸类。

将清洁力逐渐降下来很关键

上述三类温和的低刺激性成分，清洁力从高到低，依次是牛磺酸类、碳酸类、氨基酸类。

市面上销售的洗发水大多是清洁力很强的产品，如果一下子换成氨基酸型的产品可能会觉得清洁力不够。

如果一直使用的是市面上的大众型洗发水，更换时先选择碳酸型的就可以，然后可以根据个人喜好逐渐换成氨基酸型的。

碳酸型、牛磺酸型、氨基酸型洗发水的鉴别

除了少数例外的情况，根据成分表上成分的词尾，基本上可以判断出该产品属于碳酸型、牛磺酸型、氨基酸型中的哪一种。

碳酸型

检查词尾！

** 乙酸钠

** 羧酸钠

例如：月桂醇聚醚-5 羧酸钠

牛磺酸型

检查词尾！

检查词尾！

** 牛磺酸钠

例如：椰油酰甲基牛磺酸牛磺酸钠

氨基酸型

检查词尾！

** 氨基丙酸钠

** 谷氨酸钠

例如：月桂酰基甲基氨基丙酸钠

注意！

即使成分表中列出了上述成分，但如果主要成分中含有月桂醇硫酸酯钠、月桂醇聚醚硫酸酯钠、烯烃磺酸钠的话就等于白费！请仔细加以确认！

48

在美发沙龙美发后，应该拒绝做高收费的营养护理！

特 征

- 只要留长发就会做蓬松型的烫发
- 烫发后会做昂贵的营养护理
- 在美发沙龙一个劲儿地看女性杂志

数 据

一定要做营养护理

皮肤美白度★★☆
皮肤滋润度★★☆
不想被认为小气，无法拒绝★★★

即使造型师极力推荐，拉直头发、烫发后也不该做收费的营养护理

美发沙龙的收费营养护理就是给头发镀上一层膜

在美发沙龙做了烫发、拉直后，很容易产生“为了防止头发受损，必须做个营养护理”的想法。但是在使用了烫发、拉直的药剂后，就不应该再做收费的营养护理了！

美发沙龙的收费营养护理，为了让发质改变的效果“看得见，摸得着”，大多是给头发镀了一层膜，把头发封闭了起来。

护理镀上的膜把烫发、拉直的残留药剂封闭在了头发上！

烫发、拉直之后，使用的药剂还会残留在头发上一段时间。药剂味道越浓，就说明药剂残留的越多。如果做了营养护理，当时头发会变得柔顺光滑，两周左右之后就会蓬松毛躁起来。这不仅是因为护理时上的膜掉了，还因为头发上残留的药剂一直被封闭着无法挥发出来，特别是烫发和拉直时用到的还原剂，还一直在切断头发的结合。

美容院的营养护理更注重头发表面的光泽亮丽，而不是修复。

一之介语录

染发、烫发、拉直后的错误行为

使用碱性洗发水

染发、烫发、拉直要用到碱性剂使头发和头皮变成碱性环境，这时头发表层的保护膜会打开，染料、烫发剂就能进入头发里。进行完这样的操作后，头皮继续保持碱性会易于染料的排出，但同时也会使头发更容易受到有害成分的影响，所以染发、烫发、拉直后不适合使用碱性的硫酸型和磺酸型洗发水。

烫发和拉直后立即做营养护理

烫发和拉直使用的还原剂与碱性剂相比更具伤害性。

头发由角质蛋白构成，角质蛋白是通过二硫键牢固结合起来的，而还原剂正是破坏这种结合的东西。切断了这种结合后，头发的形状就很容易改变，将头发弄成卷曲的就是烫发，弄成直的就是拉直。之后如果立即做营养护理，上一层发膜的话，残留的还原剂会持续阻断角质蛋白的结合，造成无法修复的损伤。

染发、烫发、拉直的危害

染发、烫发、拉直这几种操作对于头发的损害程度各不相同。

使用的药剂和损害程度比较

各种美发处理对头发的损害程度见下表，损害程度最小为 1，最大为 10。（数值仅供大体参考）

美发类型	损害程度	刺激性因素
染发	3	碱性剂 + 弱氧化剂
漂白	5	碱性剂 + 强氧化剂
烫发	7	碱性剂 + 强还原剂 + 氧化剂
拉直	10	碱性剂 + 强还原剂 + 高温 + 拉力 + 氧化剂

健康的头发是弱酸性的，表皮保护膜处于关闭状态。染发、烫发、拉直时会使用碱性剂使头皮变成碱性环境，从而让头发表层打开，让各种药剂侵入其中。烫发和拉直时还要使用还原剂来改变头发的形状，这是在切断头发中蛋白质的结合，刺激性非常强！

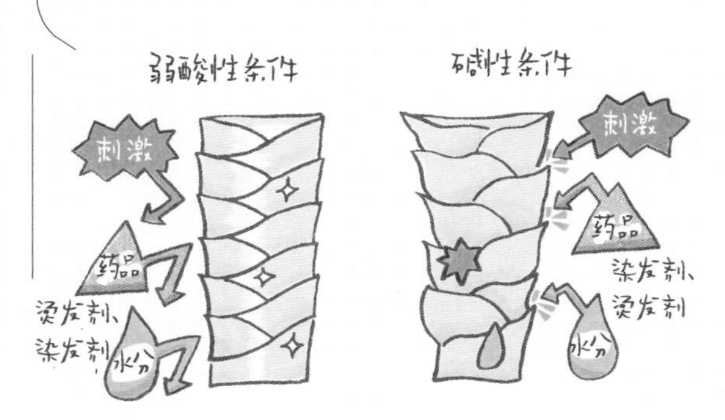

头发受损后
虽然不能修复，但可以修补

用角质蛋白修补的效果怎么样？

角质蛋白（或者水解角质蛋白）具有氧化作用，能够使烫发和拉直后残留的还原剂丧失作用，还能够附着在构成头发的角质蛋白的断裂部分，像打补丁一样修护损伤。

用羟高铁血红素修补的效果怎么样？

羟高铁血红素能够往烫发和拉直后头发上输送氧气，使残留的还原剂丧失活性，还具有使染发和烫发的效果更持久等令人惊喜的效果。只是，如果在染发、烫发和拉直前使用的话，药剂的效果就会弱化，因此做造型前三天左右就不要使用了。

染发、烫发、拉直后的营养护理选择

染发、烫发、拉直后，头发还保持着碱性，头发表层打开，使得染料以及被溶解的蛋白质成分容易流失。另外，烫发和拉直时使用的还原剂是在碱性环境中活跃的物质。弱酸性的洗发水会帮助头发逐渐回到原来的弱酸性状态，使用含有角质蛋白或者羟高铁血红素的护理产品会对去除残留药剂有好处（一般的护理产品中油分很多，但对调整pH值没什么用）。

不能让护发产品直接接触皮肤

护发产品是在洗发后使用的产品，目的是让头发更柔顺，更有光泽。只要选择好洗发水，护发产品本身的成分不会对头发造成伤害。但是护发产品中不可或缺的阳离子型表面活性剂（硬脂基三甲基氯化铵、硬脂基三甲基溴化铵）对肌肤的刺激性很强，不能直接接触皮肤。

已经受损的头发无法还原，但是还可以修补。

一之介语录

49

方法对了，吹风机对头发的伤害可以减轻

特 征

- 洗完澡后马上开始玩手机
- 认真梳理长发
- 夏天因为热而讨厌用吹风机

数 据

头发干燥蓬乱

皮肤美白度★★☆

皮肤滋润度★☆☆

除冬天外头发都是自然干★★★

湿发处于超级易受损伤的状态，洗完澡后请马上用吹风机吹头发！

头发的耐受性在湿发状态下会降低六成

洗完澡后不能头发湿着就悠闲地看电视、玩手机，因为头发在湿着的状态下，耐受性会下降约六成。

如果用毛巾揉搓湿发，毛巾与头发的摩擦所造成的细微伤害也会成为头发受损的原因。使用烫发钳对头发造成的损伤最严重，用梳子梳理也会对头发造成相当大的损伤，这些都需要注意。特别是塑料材质的梳子，因为与头发的质地相差很远，会引起静电，刺激头发。先好好吹干，再使用猪鬃毛等天然材质的梳子梳理吧。

与使用吹风机相比，头发一直湿着造成的损伤更大

“吹风机会损伤头发，会使头发变得干燥脆弱……”也许有人会这样想。确实，吹风机的热风多多少少会造成头发的损伤，但这也比头发一直湿着造成的损伤要小。

用吹风机吹干头发的原理，是利用热风加快水分的蒸发（水分蒸发需要吸收热量）。所以在用吹风机吹头发时，头发如果干到一定程度，就请从热风档切换到冷风档，这样可以防止水分过度蒸发，从而防止头发干燥。

比起吹风机的热风，更应该注意头发一直湿着造成的损伤。

一之介语录

保护头发免受热风伤害的洗后护理产品

想要修护头发受热造成的损伤，液态喷雾比护发油效果更好

洗发后使用的护发产品中，山茶油和摩洛哥坚果油等油脂类产品最多，但油类被吹风机加热时会立即氧化。不过同样是油类，硅酮就可以使用。当然，最推荐的还是水质的液体喷雾，如果添加了隔热成分就更好了。

能够保护头发免受热损伤的成分

角质蛋白（或水解角质蛋白）受热后会硬化，形成头发的保护膜，同时具有形状记忆的作用，有助于头发定型。

从螃蟹和虾的壳中提取的壳聚糖成分，具有强烈的隔热效果。

被称为内酯衍生物的 γ-二十二内酯、白池花-δ-内酯受热后也可以修护头发损伤。

如何防止吹风机热风对头发的伤害

洗发后，为了避免损伤，应该如何吹头发呢？请参考以下几点。

负离子吹风机可以抑制静电，起到保护头发的作用。市面上的产品价格不等，不需要买很贵的。

用热风吹头发时，不必吹到头发完全变干，可以在干到一定程度时切换到冷风模式，这样可以解决头发干燥的问题。

用吹风机吹干头发时，推荐使用含有角质蛋白、壳聚糖、内酯衍生物之类成分的喷雾。

为了头皮的健康，不需使用护发油，也不需要做头皮清洁

涂发油加按摩型女子

特征

- 最近掉发很多
- 会做不易洗掉的头发护理
- 并不在意光泽感和油腻感的差别

数据

爱用护发油

皮肤美白度★★☆

皮肤滋润度★☆☆

对头皮出油的痛恨程度★★★

使用护发油和梳子按摩头皮
可能会有反作用

涂抹护发油和梳理头皮
会扰乱头皮本身的状态

很多女性喜欢用山茶油按摩头皮或用梳子刺激头皮。但是，涂护发油并没有什么好的效果。尽管山茶油的成分与人类的皮脂接近，不会造成伤害，但氧化后会发臭。另外，油分堆积以后就需要使用清洁力强的洗发水。塑料材质的梳子和头发摩擦后会起静电，对头发造成损伤。其实按摩头皮时，没必要使用化妆品和道具。

过度去除皮脂
会使头皮环境恶化

“为了防止掉发，彻底清洁下头皮的油脂吧！”常有人怀着这样的想法去做头皮清洁，其实大可不必。皮脂是使肌肤保持弱酸性、防止杂菌入侵和刺激的屏障。如果皮脂不足，皮肤的防御力就会下降，头皮环境就会因此而恶化。另外，如果过度去除皮脂，皮肤为了补足丢失的部分反而会加紧分泌皮脂。而皮脂长时间暴露在空气中会发生氧化并发臭，引发炎症。所以，维持适当的皮脂量很重要。

做头发护理时仅用洗发水即可。

一之介语录

一之介
特别专栏 2

洗发水会加重脱发吗

虽说有的人会觉得“换了洗发水后，掉头发就加重了”，但从研究结果来看，洗发水并不会导致掉发变严重。

毛发有生长代谢的周期。在成长期，毛发根部的毛球很坚固，稍微拽拉一下不会被拔出。但是多年以后，根部的毛球开始退化，毛发进入休止期，便变得容易脱落了。我们每天的掉发数量在50到100根，这是数千根处于休止期的头发每天逐渐脱落的缘故。

有时换了洗发水后觉得脱发更严重，可能是因为从普通的洗发水换成无硅油或皂基洗发水时，头发变得更为干燥，头发之间的摩擦就会增强，就会造成脱发比平时更多的现象。

脱发和发量稀少的直接原因是压力造成的激素分泌紊乱，而不是洗发水。但是如果洗发水的清洁力不足的话，会使头皮环境恶化，引发头皮屑和炎症，从而间接加重脱发。所以选择清洁力适宜的洗发水是非常重要的。

第四章

护肤中那些令人纠结的选择

Q&A

在护肤方面，你会因为选这个还是那个，
选哪个好之类的问题而烦恼吗？
那么，接下来就让我们一起来解开日常护肤中的疑问吧。

双重洁面和单独卸妆，应该选择哪一种？

要根据卸妆产品的种类以及肤质的情况来定。

打造完美肌肤的护理窍门

如果是敏感肌，使用油脂类卸妆产品后，还请用氨基酸类温和的洁面产品进行二次清洁。

双重洁面指的是，为了彻底清除卸妆品残留，在卸妆后用洁面产品再次洗脸的洁面方法。

卸妆乳、卸妆水之类的卸妆产品依靠表面活性剂来卸妆，而卸妆油、卸妆膏是用油性成分使化妆品浮起，再用表面活性剂洗净。表面活性剂能使化妆品残留溶于水，所以以表面活性剂为主要成分的卸妆乳、卸妆水等产品可以轻松用水洗净，基本上不需要二次清洁。而卸妆油、卸妆膏等因为有油性成分残留，通常需要二次清洁。

要特别说明的是，油脂类卸妆产品虽然也属于卸妆油，但它也是能够用水轻松冲洗干净的，万一在肌肤上有些许残留，也因为跟皮脂的成分相似，基本上不需要二次清洁。但是，油脂过剩容易诱发痘痘和脂溢性皮炎，而敏感肌受到油分水解产物（脂肪酸）的刺激后，容易变得粗糙。所以容易长痘痘的人和脂溢性皮炎患者，建议用油性卸妆产品卸妆后再使用氨基酸类温和的洁面产品进行二次清洁。

早上应该只用清水洗脸，
还是用洗面奶洗脸呢？

晚上使用了洗面奶的话，早上仅用清水洗脸即可。

打造完美肌肤的护理窍门

不论早晚，一天用一次洁面产品最好。
但用温和型洗面奶的话，一天用两次也无妨。

过度清洁往往是皮肤干燥和油脂分泌过剩的原因。晚上用洗面奶洗过脸以后，次日早上最好只用清水洗脸。而原本就只用卸妆产品，不用其他洁面产品的人，继续保持就可以。

另外，“介意油乎乎，早上也想用洗面奶好好洗洗脸”的人，一天早晚两次用洗面奶洗脸也没问题。

特别是本书中介绍的碳酸类和氨基酸类的洗面奶，用这类产品洗脸后，肌肤仍然能够保留必要的滋润度，所以一天洗两次也没问题。

相反地，如果之前一直一天洗三次甚至四次脸的人，突然用氨基酸洗面奶一天只洗一次脸的话，肌肤一定会变得不稳定。在注意不要过度清洁的同时，也要根据自己的肤质和一直以来的护理方式，合理地挑选清洁力度适宜的产品。

洗脸时，该选用起泡网还是泡沫丰富的洗面奶呢？

起泡网。

打造完美肌肤的护理窍门

洗脸时充分揉搓出泡沫虽然很重要，但在选择洗面奶时过于关注起泡效果，会增加肌肤受损的风险。

“洗脸时需要有充足的泡沫”这一说法是正确的。泡沫本身能起到缓冲的作用，减少手与肌肤之间的摩擦。揉搓出泡沫后，清洁面积会瞬间增大，一举两得。

但是，为了能有丰富的泡沫，许多洁面产品会加入一些添加剂，其中一部分添加剂很可能是有刺激性的。

还记得之前的一个案例吗？某种洁面皂因为含有小麦成分，致使消费者出现了过敏现象。生产该产品的化妆品公司在广告里说使用该产品时，用手掌可以摩擦出丰富而细腻的泡沫，并且翻过手掌泡沫也不会掉下来。制作出这样的泡沫的正是水解小麦蛋白这种发泡成分。小麦蛋白就是使消费者过敏的元凶。所以，与其追求洗面奶起泡多，不如自己制造出泡沫更放心，还是使用起泡网和起泡球吧！

涂抹化妆水时，该用手还是化妆棉呢？

手。

打造完美肌肤的护理窍门

虽说化妆棉也是很好的材质，
但护理肌肤时，绝对令人安心的选择还是手。

把化妆水咕咚咕咚倒到化妆棉上，大部分的化妆水都被化妆棉本身吸掉了。这纯粹就是浪费，所以用手涂化妆水更好。

另外，与肌肤材质大不相同的化工材料化妆纸，在与肌肤接触时会产生较强的静电，从而对皮肤造成刺激。我们在不知不觉间经常接触到静电，但即使是感觉不到的微弱静电积累起来，也会造成损害。

化妆棉和肌肤构造相近，虽说也是温和的材质，但与“肌肤材质”的手相比还是略逊一筹。手因为同样是肌肤，与面部肌肤接触时完全不会产生静电。正因如此，手大大地打了一回胜仗。

此外，像浴巾、内衣等贴身的衣物，推荐选择纯棉材质的。很多天然材料的构造都和肌肤的构造相近，比如羊毛、丝绸都是很好的材质。而涤纶和腈纶会对肌肤造成刺激，请多加注意！

洗脸时应该最后用冷水还是一直用温水？

最后用冷水。

打造完美肌肤的护理窍门

洗脸的最后关头用些冷水，
不是为了收缩毛孔，而是为了防止皮肤干燥。

肌肤受热后，就会向外散热，水分也会随之蒸发，因此肌肤会变得干燥。用冷水洗一下，可以防止汽化热发生，进而防止皮肤干燥。

洗脸时，先用37~40℃的温水洗去脸上的污垢，再用冷水洗一下，大概5秒钟就足够了。

也有人为了收缩毛孔而用冷水洗脸，但毛孔收缩只是短时间内的效果而已，不需要为了这个目的去这样做。

同样是为了收缩毛孔，还有一种用温水冷水交替洗脸的美容方法也受到一些女性的青睐。但是温水冷水交替的过程中，肌肤中的交感神经与副交感神经不断切换，容易使自主神经紊乱，所以不推荐用温水冷水交替洗脸的方法。

化妆品绝不是蕴藏神秘力量的魔法药物

化妆品都是化学成分的复合物，能起到什么样的作用一定都有其科学原理。如果着眼于了解产品成分的话，也许会发现，大家公认是好东西的产品实际上并没有那么好，而一直不受欢迎的产品其实完全没问题。这样，我们便看清了化妆品的真面目。

“对于产品中含有哪些成分，又会起到怎样的作用，完全不清楚”

现代女性使用化妆品时大部分存在上述这种情况。我不完全反对只凭感觉选择化妆品，但我认为还是要尽可能地看一看成分。将完全不知道真正成分是什么的化妆品涂在肌肤上，肌肤不出问题那才叫不可思议呢。

人的肌肤本来就是一个独立而完整的器官。但是，在眼下各种媒体的宣传和引导下，相信“肌肤不使用化妆品不行”的消费者不在少数。实际上，化妆品只不过是对肌肤机能起到辅助作用的工具，只要按需做好最低限度的补充就足够了。

尽管如此，现实却是有很多产品通过擦刮、剥离、溶解等等完全不会对皮肤有好处的方法博得了很高的人气。使用这样的产品后皮肤受到损害，感到后悔莫及一般已是几年、几十年以后的事了。

如果这本书能够在大家发出像“要是早知道就好了！”这样的感叹之前，为大家提供一些帮助的话，将是我莫大的荣幸。

2017年6月吉日

一之介